반려견을 위한 수제 사료 만들기

수의사가 알려주는

반려견을 위한
수제 사료
만들기

초판 인쇄일 2019년 1월 11일
초판 발행일 2019년 1월 18일

감수자 고바야시 도요카즈
옮긴이 최춘성
발행인 박정모
등록번호 제9-295호
발행처 도서출판 혜지원
주소 (10881) 경기도 파주시 회동길 445-4(문발동 638) 302호
전화 031)955-9221~5 팩스 031)955-9220
홈페이지 www.hyejiwon.co.kr

기획 박혜지
진행 최춘성, 박민혁
디자인 김보리
영업마케팅 김남권, 황대일, 서지영
ISBN 978-89-8379-980-7
정가 11,000원

JUISAN GA OSHIERU KANTAN ANZEN SOSHITEOISII
TEDUKURI AIKENGOHAN
ⓒ Shufunotomo Co., Ltd. 2017
Originally published in Japan by Shufunotomo Co., Ltd.
Translation rights arranged with Shufunotomo Co., Ltd.
Through Eric Yang Agency Co., Seoul.

이 도서의 국립중앙도서관 출판시도서목록(CIP)은 서지정보유통지원시스템 홈페이지(http://seoji.nl.go.kr)와
국가자료공동목록시스템(http://www.nl.go.kr/kolisnet)에서 이용하실 수 있습니다.
(CIP제어번호 : CIP2019001021)

수의사가 알려주는

반려견을 위한
수제 사료
만들기

혜지원

목차

냉장고 속 재료로 특별한 한 그릇

편리하고 맛있는 보존식 만들기   94

Part 3.

수제 사료를 직접 만들 때의 생각과 기초 지식   101

Part 4.

반려견의 수제 사료와 식사에 관한 Q&A 30   118

머리말

사랑하는 나의 강아지에게 무엇을 먹이면 좋을지 고민하는 보호자 분들이 결코 적지 않을 것입니다. '내가 만든 음식을 먹이고 싶은데 어려울 것 같다'고 수제 사료 만들기를 포기하시는 보호자 님들도 많이 보아 왔습니다.

"사람이 먹는 음식을 주는 것은 좋지 않다."
이런 의견도 이따금씩 듣습니다만, 우리 인간은 독이 들어간 음식을 먹고 있는 것일까요?

'강아지는 사료와 물만 주면 된다'고들 합니다.
분명 영양적으로는 문제가 없지만, 먹기를 아주 좋아하는 저의 입장에서 보면 무척이나 외롭게 식사를 하는 것처럼 느껴집니다.

'같은 식구가 먹고 있는 것과 똑같은 것을 가족이나 다름없는 강아지에게도 먹이고 싶다'고 생각하는 것은 잘못된 생각일까요?
아닙니다. 지극히 자연스럽고 당연한 발상이라고 생각합니다.

가족의 저녁 식사를 위해 준비한 식재료를 조금만 조절하여 사랑스러운 자신의 강아지에게 만들어 주세요.
우리들 수의사가 도와 드리겠습니다.

고바야시 도요카즈

Part 1

"수제 사료를 즐겁게 만들어 가기 위한 조리의 요령과 기본기"

반려견이 먹는다고 해서 사용하는 재료가 특별하지는 않습니다. 사람이 먹는 것과 동일한 재료로도 충분합니다. 하지만 반려견을 위한 식재료와 조리법도 있습니다. 그렇게 하는 것이 효과적이고 영양을 잘 섭취할 수 있기 때문입니다. 음식을 준비하기 전에 알아 두면 좋은 지식과 조리 요령, 기술을 소개합니다.

사료를 직접 만들기 위한
'8가지 약속'

'반려견에게 최고의 식사는?'이라는 질문의 답은 하나가 아닙니다. 반려견이 생활하고 있는 환경, 체질이나 그날의 몸 상태, 보호자의 상황 등에 따라 달라집니다. 최고의 식사는 그날, 그때, 반려견에 따라 천차만별입니다. 다만, 어떤 경우에도 공통되는 기본적인 생각과 '8가지의 약속'이 있습니다. 이 약속을 잊지 않으면 반려견을 위한 사료 만들기를 더 충실하고 즐겁게 이어갈 수 있습니다.

약속, 하나 같은 식재료를 반려견용으로 조리하기

가장 중요한 생각은 사람이 먹는 식재료를 강아지용으로 조리하는 것입니다. 보통 집에서는 같은 식재료를 아기용, 아빠용, 할머니용 등 각각 먹기 쉽고 소화하기 쉬운 방법으로 나누어 만들어 주는데, 여기에 반려견만 추가하는 것입니다.

약속, 둘 제철, 신선, 지역에서 나는 식재료를 사용하기

살고 있는 지역에서 난 제철의 신선한 식재료를 사용하세요. 제철 식재료는 영양이 높고 많이 출하되기 때문에 가격이 저렴하다는 이점이 있습니다. 신선한 재료는 영양 손실이 적고 더 맛있습니다. 지역에서 나는 제철 재료는 멀리서 시간을 들여 운반할 필요가 없어 신선도도 높고, 안전하고 안심할 수 있는 식재료라고 할 수 있습니다.

약속, 셋 '통째'로 요리하기

여기에서 말하는 '통째'는 야채든 고기든 생선이든 가능하면 껍질을 벗기거나 자르지 않고 조리(삶기, 조리기, 굽기 등)하는 것을 말합니다. 그리고 이러한 과정을 통해 나오는 채소나 고기, 생선의 영양이 녹아 있는 육수는 버리지 않고 요리에 사용합니다.

약속, 넷　반려견의 체질에 맞춰 식재료 고르기

특별한 식재료에 알레르기가 있는 경우에는 주의가 필요합니다. 알레르기를 일으키지 않도록 개선해야 하기 때문입니다. 수의사와 상담하면서 수제 사료 만들기에 임해 주시기 바랍니다.

약속, 다섯　반려견의 상태에 따라 식사의 내용 결정하기

건강은? 식욕은? 변은? 털의 상태는? 눈곱은? 체취는? ……. 평소에 강아지의 일상을 잘 관찰하고 그때 그때의 상태를 판단하여 만드세요. 〈반려견의 건강 체크 리스트〉(103페이지)를 참고하시기 바랍니다.

약속, 여섯　영양의 밸런스는 주 단위로 조정하기

매일 단백질 ○g, 칼슘 ○mg……. 필요로 하는 영양은 섭취해야 하지만 이를 엄수하려면 만드는 사람은 스트레스를 받을 것입니다. 영양의 밸런스는 일주일 단위로 조절하세요. 또한 g, mg 단위가 아니라 '저게 부족한 것 같으니 조금 더 주자'와 같이 대략적인 느낌만으로도 충분합니다.

약속, 일곱　무리하지 않고 즐겁게 만들기

즐기며 만든 식사와 의무감으로 만든 식사 중 어느 것이 더 맛있을까요? 반려견은 '즐기며 만들어 주는 것이 맛있다'고 생각해 줄지 모르겠습니다. 하지만 적어도 만들기가 즐겁지 않다면 오래 이어가지 못합니다. 무리하지 않는 범위에서 만드세요.

약속, 여덟　주면 안 되는 식재료는 사용하지 않기

대표적인 것이 파 종류입니다. 파 종류는 혈액 중의 적혈구를 파괴하는 성분이 함유되어 있어, 조림 국물 등에 포함되어 있는 이러한 성분을 섭취하는 것만으로도 중독을 일으킬 수 있습니다. 주의가 필요한 식재료는 절대로 사용하지 않아야 합니다. 〈개가 먹어서는 안 되는 식재료와 식품〉에 대해서는 18페이지를 참조하시기 바랍니다.

반려견이 쉽게 먹을 수 있도록 하는 것이 최우선

🐾 식재료를 위에 부담을 주지 않는 형상으로 만들기

사람은 음식물을 입 안에서 씹어 넘기지만 강아지는 입에 들어온 음식물을 거의 씹지 않고 삼킵니다. 이 때문에 식재료를 삼키기 쉬운 크기로 만들거나 소화하기 어려운 것은 잘고 부드럽게 만들어야 합니다. 사료를 직접 만들 때는 기본적으로 식재료를 위에 부담을 주지 않는 형태로 만들어야 합니다.

소형견은 특히 식재료의 크기에 주의해야 합니다. 또한 타액 등의 소화액 분비가 적은 고령견일 경우에는 녹말 가루나 부스러기 가루 등으로 걸죽하게 만들면 편히 먹을 수 있습니다.

🐾 육류는 쉽게 삼킬 수 있는 크기로 자르기

개는 육류를 잘 소화시키기 때문에 삼키기 쉬운 크기로 자르기만 하면 됩니다. 하지만 견종이나 개체마다 삼킬 수 있는 크기가 다릅니다. 작은 개에게 큰 것을 주면 삼키지 못하고 목에 걸리는 경우도 있으니 주의하시기 바랍니다.

🐾 채소는 섬유의 형태를 남기지 않기

채소는 식이섬유가 남아 있으면 소화시키지 못하고, 위에 큰 부담을 주게 됩니다. 가급적 갈채나 푸드 프로세서로 갈아 주세요. 밥 같은 곡물류도 섬유질이 많기 때문에 물을 많이 넣고 익혀서 될 수 있는 한 부드럽게 만듭니다.

개가 가장 '먹기 편한' 식사는 채소와 밥(면, 빵 등의 탄수화물 식재료)을 형태를 알 수 없을 만큼 흐물흐물해질 때까지 삶은 다음 가장 좋아하는 고기나 생선(단백질 식재료)을 넣은 '삶은 죽'입니다.

'삶은 죽'을 기본 메뉴로 둔다면 수제 사료 만들기를 오랫동안 이어갈 수 있습니다.

고기나 생선 같은 단백질 식재료를 중심으로 메뉴 생각하기

식사 메뉴를 정할 때 중요한 것은 먹는 사람(또는 반려견)의 영양 밸런스를 생각하고 반영하는 것입니다. 이는 사람이나 반려견뿐만 아니라 그 외 다른 모든 생물의 기본입니다.

개는 인간보다 많은 단백질을 필요로 하기 때문에 이를 중심으로 식단을 구성하고 비타민이나 미네랄 등 그 외의 영양소도 균형 있게 섭취할 수 있도록 해야 합니다.

단백질은 고기나 생선에 많이 함유되어 있는데, 영양의 내용은 식재료마다 특성이 있습니다. 육류 내에서도 닭고기는 고단백 저칼로리이며, 소고기는 철분이 많고, 돼지고기는 비타민이 많이 함유되어 있습니다.

생선도 마찬가지로 연어는 비타민 A와 B군, 칼슘, 참치는 비타민 D와 나이아신, DHA와 EPA, 삼치는 칼륨을 많이 함유하는 등 단백질 외에도 함유하고 있는 영양소는 생선에 따라 차이가 있습니다.

간 같은 내장류는 단백질 외에 철분이나 미네랄이 많이 함유되어 있습니다.

또한 두부 같은 대두제품이나 콩류에는 양질의 식물성 단백질이 함유되어 있습니다. 대두제품이나 콩류는 고기나 생선에 함유되어 있는 필수아미노산은 적지만 콜레스테롤이나 중성지방이 적어 소화흡수율이 높은 식재료입니다.

단백질 식재료를 육류 또는 생선으로 한정하지 말고 두부제품이나 콩류까지 포함시키면 메뉴의 폭은 더욱 넓어집니다.

단백질원이 되는 각 식재료의 영양소에 대한 특징을 숙지한 후 균형 잡힌 영양을 섭취할 수 있는 다른 식재료를 조합하여 다양한 메뉴를 만들어 보세요. 식재료의 영양적인 특징에 대해서는 110~117페이지를 참고하시기 바랍니다.

고기는 설익히고 먹기 편한 크기로.
생선과 닭의 뼈는 주의

강아지는 원래 육식을 하기 때문에 고기에 대한 소화 능력은 사람보다 훨씬 높습니다. 고기는 생으로 먹어도 소화할 수 있기 때문에 속까지 익힐 필요는 없습니다. 고기 바깥쪽의 핏기가 가시는 정도로만 구워도 충분합니다. 다만 선도에는 주의하시기 바랍니다. 구입한 지 오래되었거나 선도가 걱정이 된다면 속까지 충분히 익히시기 바랍니다.

내장은 쉽게 썩기 때문에 특히 신선도에 주의하세요. 냉동시킨 것을 해동한다면 반드시 한 번에 모두 사용하세요.

또 고기를 조리할 때 가장 주의해야 하는 것은 반려견의 크기에 맞는 적당한 크기입니다.

개는 음식을 잘 씹지 않고 삼킵니다. 때문에 강아지에게 주는 식재료는 무리 없이 입에 들어가는 크기로 주는 것이 중요합니다. 소형견에게 큰 고기를 주면 목에 걸리는 경우도 있어 위험합니다.

21페이지 이후의 반려견 사료 레시피에 '개가 먹기 편한 크기로 잘라……'라고 되어 있는 것은 앞서 말한 의미가 포함되어 있는 것입니다. 평소에 잘 관찰하여 반려견이 먹기 편한 크기는 어느 정도인지 알아 두시기를 권합니다.

생선을 줄 때는 뼈와 가시에 주의하세요. 도미 등의 딱딱한 가시는 물론이고 전갱이처럼 딱딱하지 않은 가시도 찔리는 경우가 있습니다.

또, 작은 전갱이나 정어리와 같이 통째로 먹는 경우는 뼈나 가시가 부드러워질 때까지 조리하세요. 압력솥을 사용하면 짧은 시간에 부드럽게 조리할 수 있습니다.

닭고기의 뼈는 가열하면 세로로 쪼개지거나 끝부분이 뾰족하여 위험하니 반드시 발골하세요. 닭 외에 소나 돼지 등의 뼈는 가열해도 괜찮습니다.

채소는 잘게, 껍질은 충분히 익히기

개는 채소나 곡류 등 섬유질이 많이 함유된 음식을 잘 소화시키지 못합니다. 채소는 원칙적으로 삶거나 찌거나 전자레인지로 가열하여 부드럽게 만든 뒤 잘게 썰거나 갈아서 조리합니다. 감자, 고구마, 호박 등도 찌거나 전자레인지로 가열한 후 푸드 프로세서로 갈거나 매시로 만들어서 섬유질을 남기지 않도록 처리합니다.

쌀이나 현미, 죽 같은 곡류는 반드시 취사한 것을 삶거나 조리거나 하는 등 충분히 불로 익힙니다.

파스타나 우동 같은 면류는 건면은 쪼개거나 잘라서 먹기 편한 길이로 만든 후에 부드럽게 삶습니다. 삶아서 나온 우동면은 주방가위 등으로 짧게 자른 다음 다시 삶아서 부드럽게 만드세요. 면이 가는 소면은 짧게 부러뜨려 국에 넣어 부드러워질 때까지 가열합니다.

콩류는 부드럽게 삶은 후 으깨 줍니다.

채소나 곡류는 위 같이 밑작업을 한 후에 시간을 들여 가열해서 최종적으로 죽과 같은 상태로 만드는 것이 이상적입니다.

다만, 채소 중에는 브로콜리나 새싹무와 같이 식이섬유는 풍부하지만 부드럽기 때문에 가열하지 않아도 되는 것도 있습니다. 가열이 필요 없는 이러한 채소는 가열에 따른 영양 손실이 없다는 큰 장점이 있습니다. 많이 이용하시기 바랍니다.

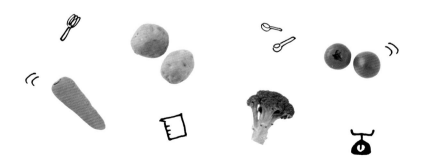

편리한 조리도구와 캔, 건어물, 냉동식품, 레토르트식품을 활용

🐾 믹서나 푸드 프로세서 등으로 최단 시간에 간단히 조리

반려견 사료 만들기에서 채소를 잘게 다지거나 가는 작업은 번거롭습니다. 믹서나 푸드 프로세서가 있으면 이러한 과정을 단번에 끝낼 수 있습니다.

이러한 기구를 사용하면 식재료를 생으로 먹을 수 있는 상태가 되며, 가열로 쉽게 손실되는 비타민 C나 B를 효과적으로 섭취할 수 있습니다. 또한 삶은 채소를 매시로 만들거나 체로 거르고 싶을 때도 믹서나 푸드 프로세서를 이용하세요.

믹서는 주스뿐 아니라 페이스트나 분말 등으로도 만들 수 있는 기능이 있는 것을 사용하고 푸드 프로세서는 칼날을 교환할 수 있는 것을 사용하면 편리합니다.

🐾 전자레인지와 압력솥으로 메뉴가 더욱 다양해져요

전자레인지는 '익히는' 조리에 무척 편리합니다. 가열 시간이 긴 경우에는 탈수를 피하기 위해 수분을 보충하지만, 기본적으로 물은 불필요합니다. 이러한 특성에서 보면 전자레인지의 기능은 '익힌다'기보다는 '쪄서 익힌다'라고 하는 것이 맞을지도 모르겠습니다. 물을 사용해서 찌는 것보다 짧은 시간에 끝나므로 비타민이나 미네랄의 손실도 적다고 합니다.

전자레인지로 쪄서 익히는 것은 감자, 고구마, 당근 같은 뿌리채소, 브로콜리, 콜리플라워, 방울양배추, 무, 배추 등 쓴맛이 덜한 것을 추천합니다. 쓴맛이 있는 시금치 등은 가열 후 물로 헹구면 쓴맛도 제거되고 색도 선명해집니다.

뼈가 있는 생선이나 고기를 뼈까지 부드럽게 만들려면 압력솥으로 찌는 것을 추천합니다. 이 책도 꽁치를 뼈까지 조리거나 뼈가 붙은 양갈비를 찔 때 압력솥을 사용합니다.

😸 통조림, 레토르트식품 등은 조미료를 사용하지 않거나 첨가하지 않은 것을 사용

부드럽게 만드는 데 시간이 많이 걸리는 대두나 팥 같은 콩류는 통조림을 사용해 보세요. 화이트 아스파라거스, 영 콘(길이 7~8cm 정도의 약간 덜 익은 속대 째의 옥수수), 가리비의 관자와 같이 평소 구하기 힘든 식재료도 비교적 저렴하게 통조림으로 구입할 수 있습니다.

레토르트식품에서 편리한 것은 밥, 죽, 현미밥, 잡곡밥 같은 쌀류의 조리품입니다. 이것들도 무가염 표기를 확인해 주세요.

시판되는 냉동식품 중에서 편리한 것은 채소류입니다. 삶아서 냉동한 호박이나 고구마 등은 해동해서 잘게 썰어 사용합니다. 혼합 채소나 혼합 콩은 해동해서 으깨서 사용합니다.

😸 물에 불릴 필요가 없는 것이 말린 식재료를 추천하는 이유

말린 식재료는 높은 영양가와 사용의 편리함 측면에서 유용합니다. 깨, 김, 톳, 미역, 말린 표고버섯, 언두부, 가쓰오부시(가다랑이포), 콩가루 등입니다.

깨나 콩가루 등은 그대로 토핑 재료가 됩니다. 다만 깨는 볶은 참깨가 아니라 소화 흡수가 좋은 으깬 참깨를 사용하세요. 말린 톳이나 미역은 비벼서 잘게 만들면 뿌려서 사용할 수 있습니다. 말린 표고버섯이나 언두부는 갈아서 사용해도 좋습니다. 이들은 물로 불리지 않아도 되는 편리함이 있어 추천합니다.

😸 반려견 전용 그릇과 가벼운 용기를 준비해서 구분해서 요리

반려견 전용 그릇을 하나 준비하세요. 크기는 강아지의 크기에 맞춥니다(21페이지부터 나오는 조리법에 사용하는 물의 양이 나오니 참고하세요).

가족의 식사를 만들 때 그 식재료에서 반려견용으로 적당량을 빼 둡니다. 가족용은 그 식재료에 양념을 더해 조리합니다. 반려견용으로 빼 둔 식재료에 양념을 할 필요는 없습니다. 잘게 자르고 으깨고, 갈거나 해서 섞어 반려견용 냄비로 부드럽게 익히기만 하면 됩니다. 반려견의 식사도 가족의 식사와 동시에 완성됩니다.

개가 먹어서는 안 되는 식재료와 식품

사람이 먹는 것 중에는 개에게 유해한 것도 있습니다. 소량이지만 중독을 일으킬 확률이 높은 것이나 몸에 부담을 줄 가능성이 있는 자극적인 것, 내장기관을 물리적으로 손상시키는 식재료 등입니다. 물론 개체별로 차이가 있어 먹어도 아무렇지 않은 경우도 있습니다. 그렇지만 유해할 가능성이 있는 것은 먹이지 않도록 하세요.

아래에 소개하는 것 이외에도 오징어나 문어, 새우 같은 갑각류나 우유는 소화가 어려우니 많이 주지 말아야 합니다. 감자의 싹이나 토마토나 가지의 꼭지는 중독을 일으키는 성분을 함유하고 있고, 케이크 같은 단 과자류를 많이 섭취하면 비만의 원인이 되므로 피하는 것이 좋습니다.

파류와 부추

대파나 양파, 부추 등에 함유되어 있는 이황화프로필릴이라는 성분이 적혈구를 파괴하기 때문에 빈혈을 일으킵니다. 가열해도 마찬가지입니다. 개체별로 증상에 차이는 있지만 먹고 3시간 이상 증상이 나타나지 않으면 괜찮습니다. 하지만 계속 먹이는 것은 절대 피하세요.

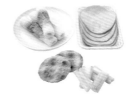

어묵, 햄, 전병 같은 염분이 많은 가공품

개는 사람만큼 염분을 필요로 하지 않기 때문에 염분량이 많은 어묵이나 햄 같은 가공식품, 전병 같은 과자를 먹으면 염분을 과잉섭취하게 됩니다. 소량이라면 괜찮지만 먹을 때 수분을 충분히 섭취하도록 하여 염분을 오줌으로도 배출할 수 있도록 해 주세요.

가열한 닭의 뼈 등

가열한 닭의 뼈는 세로로 갈라지기 때문에 끝이 날카롭고 소화기관을 찌를 수 있으니 주지 않는 것이 좋습니다. 돼지나 소, 양 등의 뼈는 가열해도 괜찮습니다. 생선의 뼈와 특히 딱딱한 도미 등은 뼈와 가시를 발라내 주세요. 그 외의 생선도 뼈째로 줄 때는 뼈가 부드러워질 정도로 가열해서 조리하세요.

고추 등 자극적인 향신료

위에 자극을 주어 설사를 일으키거나 간, 신장에 부담을 주는 일도 있습니다.

초콜릿이나 코코아 등

카카오에 함유되어 있는 테오브로민이 원인이 되어 구토나 설사, 쇼크 상태를 일으킵니다. 급성심부전과 같은 증상을 일으키는 경우도 있으니 주의하세요.

차, 커피, 홍차 등 카페인을 포함한 음식

개는 카페인이 원인이 되어 부정맥을 일으키는 경우가 있습니다. 카페인이 함유된 차나 커피, 음식은 주지 마세요.

Part 2

"수제 사료 맛있는 레시피 86 "

개의 사료는 조미료를 첨가하여 맛을 낼 필요가 없기 때문에 사람이 먹는 레시피보다 간단합니다. 하지만 매일 만들기 때문에 요리에 다양함이 필요합니다.

이번 Part에서는 즐겁게 만들고 개가 좋아하는 메뉴를 여섯 개의 카테고리(5분으로 할 수 있는 초간단 레시피 / 냉장고 속 재료로 특별한 한 그릇 / 채소 & 과일 & 고기로 만드는 건강한 간식 / 건강하게 생활하기 위한 건강 레시피 / 시판되는 사료에 맛있는 토핑 / 편리하고 맛있는 보존식 만들기)로 나눠 소개합니다.

▶▶ 재료와 만드는 방법에 대해

- 큰 술은 15ml, 작은 술은 5ml입니다.
- 전자레인지의 가열 시간은 500W의 제품을 기준으로 합니다.
- 전자레인지나 압력솥을 사용하는 경우는 사용하시는 제품의 설명서를 따르시기 바랍니다.

재료의 양과 칼로리는 개의 크기별로 기재되어 있습니다.

	SS	S	M	L
개의 크기 (중성화를 마친 성견)	체중 3kg	체중 6kg	체중 12kg	체중 20kg
필요 칼로리	약 250kcal	약 430kcal	약 720kcal	약 1060kcal

5분으로 할 수 있는 초간단 레시피

가족들을 위한 식사를 준비할 때도 그렇지만,
후다닥 만드는 것이 제일입니다. 물론 맛은 천하일품이겠지요.
시간을 들여 만드는 성찬과 다름이 없습니다.
"배고파~" "빨리 주세요~" 하며
꼬리를 이리저리 흔들며 기다리고 있는 아이를 위해
갓 지은 식사를 준비해 보세요.
불을 사용할 때는 그냥 물보다는
뜨거운 물을 사용하면 시간이 단축됩니다.
물의 양은 기호에 맞춰 조절해 주세요.

I'm hungry!

저민 닭고기와 양배추 리소토

고단백인 닭고기.
에 금방 익힐 수 있는
저민 고기를 사용.

• 재료

개의 크기별 분량	SS	S	M	L
저민 닭고기	100g	170g	280g	410g
양배추	30g	50g	85g	120g
무순	5g	8g	15g	20g
밥	50g	80g	150g	200g
뜨거운 물	150ml	250ml	450ml	600ml
	258kcal	430kcal	723kcal	1057kcal

• 조리법

① 냄비에 뜨거운 물과 밥을 넣고 2~3분 정도 끓입니다.

② ①에 잘게 썬 양배추와 저민 고기를 넣고 잘 저어 주세요.

③ 고기의 색이 변하면 잘게 썬 무순을 넣고 한차례 저으면 완성입니다.

참치 아보카도 덮밥

참치와 아보카도는
반려견이 아주
좋아해요.

파
래

• 재료

개의 크기별 분량	SS	S	M	L
참치	80g	135g	230g	330g
아보카도	50g	85g	140g	210g
밥	35g	60g	100g	145g
파래	¼작은 술	½작은 술	¾작은 술	1작은 술
	255kcal	428kcal	722kcal	1058kcal

• 조리법

① 밥에 적당량의 물을 넣고 전자레인지로 2분 동안 가열합니다.

② 참치와 껍질을 벗긴 아보카도의 과육은 약 1cm 크기의 조각으로 깍둑썰기합니다.

③ ①에 ②를 올리고 파래를 뿌립니다.

중국식 수프

• 재료

개의 크기별 분량	SS	S	M	L
달걀물	2½개분	4개분	7개분	10개분
청경채	20g	35g	65g	85g
표고버섯	½개	1개	2개	3개
검정깨 가루	½작은 술	1작은 술	2작은 술	1큰 술
참기름	½작은 술	1작은 술	1½작은 술	2작은 술
전분	1작은 술	1½작은 술	1큰 술	1½큰 술
뜨거운 물	300ml	500ml	800ml	1200ml
	263kcal	426kcal	741kcal	1067kcal

• 조리법

① 청경채와 표고버섯을 잘게 썰어 뜨거운 물과 함께 냄비에 넣어 중불로 2분 정도 익힙니다.

② 불을 끄고, 전분을 배량의 물에 푼 후(물과 전분 2:1) ①에 넣어 걸쭉하게 만들고 나서 달걀물과 검정깨를 넣습니다. 그릇에 담고 참기름을 두릅니다.

팬그라탱

모짜렐라 치즈

• 재료

개의 크기별 분량	SS	S	M	L
닭다리살	50g	85g	145g	210g
브로콜리	20g	35g	60g	85g
모짜렐라 치즈	10g	15g	30g	40g
식빵(8장 들이)	½장	¾장	1½장	2장
두유	70ml	120ml	200ml	280ml
뜨거운 물	50ml	80ml	140ml	200ml
	254kcal	415kcal	730kcal	1044kcal

• 조리법

① 닭고기와 귀를 떼어 낸 식빵은 1cm 정도로 깍둑썰기합니다. 브로콜리는 다집니다.

② 냄비에 닭고기, 브로콜리, 두유, 뜨거운 물을 넣고 중불로 고기 색이 변할 때까지 끓이다가, 빵을 넣습니다.

③ 빵이 국물을 빨아들여 부풀면 모짜렐라 치즈를 조금 남기고 넣어 저어 줍니다.

④ 그릇에 담고 남은 치즈를 올리면 완성됩니다.

저민 돼지고기와 토마토 리소토

바질을 올리면
이탈리안풍이됩니다.

• 재료

개의 크기별 분량	SS	S	M	L
저민 돼지고기	85g	140g	240g	350g
토마토	80g	135g	230g	330g
밥	35g	60g	100g	145g
뜨거운 물	100ml	160ml	270ml	400ml
	257kcal	432kcal	727kcal	1068kcal

• 조리법

① 냄비에 뜨거운 물과 밥을 넣고 중불로 끓입니다.

② 토마토는 1cm 정도로 깍둑썰기해서 ①에 넣고, 저민 돼지고기도 넣습니다.

③ 고기의 색이 변하면 적당량의 바질을 작게 뜯어 넣고 한 번 더 휘젓습니다.

④ 그릇에 담고 바질을 장식합니다.

재료 듬뿍 오믈렛

영양 만점 달걀과
두툼한 볼륨의 오믈렛

• 재료

개의 크기별 분량	SS	S	M	L
달걀물	2개분	3½개분	6개분	9개분
토마토	50g	85g	140g	210g
시금치	15g	25g	40g	60g
참마	60g	100g	170g	250g
올리브유	1작은 술	1½작은 술	2작은 술	1큰 술
	241kcal	416kcal	707kcal	1054kcal

• 조리법

① 시금치는 삶아 물에 헹군 후 다집니다. 토마토, 참마는 껍질을 벗긴 후 1cm 정도로 깍둑썰기합니다.
② 프라이팬에 올리브유를 둘러 가열한 후 토마토와 참마를 먼저 볶고 이어서 시금치를 더해 저으면서 볶습니다.
③ 달걀물을 부은 후 프라이팬을 들어 불조절을 하면서 오믈렛의 형태를 만듭니다.

연어 크림 파스타

삶는 시간이 짧은
파스타를 사용하고
두유로 크림의 느낌을
냅니다.

완두콩

• 재료

개의 크기별 분량	SS	S	M	L
생연어	85g	145g	240g	350g
파스타	30g	50g	85g	125g
두유	60ml	100ml	170ml	250ml
완두콩	5g	8g	15g	20g
뜨거운 물	200ml	320ml	500ml	800ml
	256kcal	430kcal	724kcal	1062kcal

• 조리법

① 연어는 2cm 정도의 크기로 썰고 완두콩은 숟가락 등으로 으깹니다.

② 냄비에 뜨거운 물, 두유, 파스타, 완두콩을 넣고 센불로 끓입니다.

③ 끓으면 연어를 넣고 중불로 익힙니다. 파스타가 부드러워지면 완성입니다.

달걀덮밥

사람이 먹는 것과
똑같습니다.

• 재료

개의 크기별 분량	SS	S	M	L
닭가슴살 (껍질 제거)	60g	100g	170g	250g
달걀물	1개분	1½개분	2½개분	4개분
파드득나물	5g	8g	15g	20g
밥	40g	65g	115g	165g
뜨거운 물	100ml	160ml	270ml	400ml
	259kcal	422kcal	708kcal	1063kcal

• 조리법

① 닭고기는 먹기 편한 크기로 썹니다. 파드득나물은 조금 남겨 두고 잘게 썹니다.

② 냄비에 ①과 뜨거운 물을 붓고 중불로 끓여 고기가 변색되면 달걀물을 두르고 불을 꺼서 남은 열기로
달걀을 익힙니다.

③ 그릇에 담고 남겨 두었던 파드득나물을 고명으로 올립니다.

브로콜리와 콜리플라워 포타주

상쾌한 색감과
씹는 맛이 있는 수프.

• 재료

개의 크기별 분량	SS	S	M	L
저민 닭고기	85g	145g	240g	350g
브로콜리, 콜리플라워	각 50g	각 85g	각 140g	각 210g
우유	170ml	270ml	400ml	610ml
	258kcal	433kcal	730kcal	1071kcal

• 조리법

① 브로콜리, 콜리플라워는 조금 남겨 두고, 우유와 함께 푸드 프로세서(또는 믹서)로 갑니다.

② 냄비에 ①과 저민 닭고기를 넣고 익힙니다.

③ 닭고기의 색이 변하면 완성. 접시에 담아 남겨 둔 브로콜리와 콜리플라워로 장식합니다.

탕두부

두부와 궁합이 좋은
돼지고기와 채소도
넣습니다.

개의 크기별 분량	SS	S	M	L
연두부	50g	85g	140g	210g
돼지고기 뒷다리살	85g	145g	240g	350g
무	40g	65g	110g	165g
쑥갓	20g	35g	55g	85g
당면	5g	8g	15g	20g
뜨거운 물	300ml	500ml	800ml	1200ml
	251kcal	421kcal	710kcal	1042kcal

• 조리법

① 두부는 주사위 크기, 돼지고기는 개가 먹기 편한 크기로 썹니다. 무는 5mm 폭으로 채를 친 후 잘게
   썹니다. 쑥갓은 잘게 다지고, 당면은 짧게 자릅니다.
② 냄비에 뜨거운 물과 ①을 넣고 중불로 익힙니다. 무가 투명해지면 완성입니다.

왜된장 국밥

왜된장(일본식 된장)은
사람이 먹을 때보다
적게 사용합니다.

• 재료

개의 크기별 분량	SS	S	M	L
돼지고기 삼겹살	30g	50g	85g	125g
두부	45g	75g	125g	185g
콩나물	15g	25g	40g	60g
미역(건조)	적당량			
밥	45g	75g	130g	200g
뜨거운 물	150ml	250ml	400ml	600ml
	252kcal	421kcal	707kcal	1050kcal

• 조리법

① 돼지고기는 먹기 편한 크기로 썹니다. 두부는 1cm 정도로 깍둑썰기하고, 콩나물은 다지고, 미역은 불린
후 잘게 썹니다.
② 냄비에 ①, 밥, 뜨거운 물을 넣고 중불로 익힙니다. 고기의 색이 변하면 왜된장을 국의 색이 변할 정도로만
넣고 잘 저어 줍니다.

국수

소면은 짧게 자른 후
호물거리게
충분히 삶습니다.

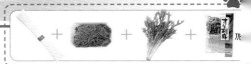

까

개의 크기별 분량	SS	S	M	L
소면	25g	40g	70g	100g
저민 고기	60g	100g	175g	260g
경수채	30g	50g	85g	125g
볶음깨(간 것)	½작은 술	1작은 술	2작은 술	1큰 술
뜨거운 물	150ml	250ml	400ml	600ml
	252kcal	423kcal	713kcal	1046kcal

• 조리법

① 소면은 두세 등분으로 잘라서 익힙니다. 경수채는 잘게 썹니다.

② 냄비에 뜨거운 물, 저민 고기, 경수채를 넣고 고기의 색이 변할 때까지 익힙니다.

③ 소면의 물기를 뺀 후 그릇에 담아 ②를 붓고 볶음깨를 두릅니다.

버섯죽

버섯류는 소화가
잘 되도록 잘게 썹니다.

• 재료

개의 크기별 분량	SS	S	M	L
저민 닭고기	95g	160g	270g	400g
표고버섯	1개	1½개	2개	3개
잎새버섯, 만가닥버섯	각 15g	각 25g	각 40g	각 60g
밥	55g	90g	155g	230g
뜨거운 물	200ml	320ml	500ml	800ml
	258kcal	433kcal	730kcal	1071kcal

• 조리법

① 냄비에 뜨거운 물과 밥을 넣고 중불로 끓입니다.

② 표고버섯의 밑동은 제거하고, 잎새버섯과 만가닥버섯은 여러 개로 뜯어낸 후 다집니다.

③ ①에 ②와 저민 고기를 넣고 저으면서 익힙니다. 고기의 색이 변하면 완성입니다.

가마타마우동

면이 짧으면 소화가
잘 되고, 길면 식감을
줄 수 있습니다.

• 재료

개의 크기별 분량	SS	S	M	L
달걀	2개	3개	5개	8개
삶은 우동	65g	110g	185g	270g
유부	⅓장	½장	1장	1½장
미역(건조)	적당량			
	257kcal	403kcal	694kcal	1072kcal

• 조리법

① 면은 짧게 자릅니다. 유부는 뜨거운 물에 살짝 데친 후 잘게 썰고 미역은 불린 후 잘게 자릅니다.

② 냄비에 적당량의 뜨거운 물과 ①을 넣고 3분 정도 끓인 후 체로 걸러 물기를 뺀 후 그릇에 담습니다.
   달걀물을 부어 섞으면 완성됩니다.

※ 가마타마우동 : 날달걀을 넣어 만드는 일본 우동의 한 종류.

닭고기 수프

단백질원과
미네랄이 듬뿍!
반려견 전용 특별 메뉴

• 재료

개의 크기별 분량	SS	S	M	L
닭안심	85g	140g	240g	350g
닭간	30g	50g	85g	125g
근위(닭똥집)	60g	100g	170g	250g
참마	100g	160g	280g	415g
방울토마토	2개	4개	6개	8개
뜨거운 물	300ml	500ml	800ml	1200ml
	255kcal	432kcal	724kcal	1057kcal

• 조리법

① 닭안심은 1cm 정도로 깍둑썰기합니다. 닭간, 근위는 물로 씻은 후 1cm 정도로 깍둑썰기합니다.
   참마는 껍질을 벗겨 조금 작게 깍둑썰기합니다. 방울토마토도 같은 크기로 자릅니다.
② 냄비에 뜨거운 물, 방울토마토, 참마를 넣고 펄펄 끓입니다.
③ 닭안심, 닭간, 근위도 넣어서 고기의 색이 변할 때까지 익히면 완성됩니다.

전골식 밥

스키야키(전골요리)의
재료는 파 외에는 OK!
소고기와 구운 두부는
강력 추천!

• 재료

개의 크기별 분량	SS	S	M	L
소 뒷다리살(얇게)	85g	145g	240g	350g
구운 두부	35g	60g	100g	145g
배추	20g	35g	55g	85g
밥	45g	75g	125g	185g
뜨거운 물	100ml	160ml	270ml	400ml
	250kcal	420kcal	708kcal	1038kcal

• 조리법

① 소고기는 반려견이 먹기 편한 크기로 자르고, 두부는 약 1cm 정도로 자릅니다. 배추는 잘게 썹니다.

② 냄비에 뜨거운 물, ①, 밥을 넣고 중불로 고기 색이 변할 때까지 끓입니다.

말고기 라이스 샐러드

말고기는 개가 좋아하며,
소화가 잘 되는
고단백 음식

개의 크기별 분량	SS	S	M	L
말고기(살코기)	90g	150g	255g	375g
토마토	40g	65g	115g	165g
무순	10g	15g	30g	40g
밥	55g	90g	150g	220g
올리브유	1작은 술	1½작은 술	1큰 술	1½큰 술
	250kcal	420kcal	708kcal	1038kcal

• 조리법

① 말고기는 먹기 편한 크기로 썰어 2~3분 삶아 둡니다. 토마토는 1cm 크기로 깍둑썰기합니다.
　무순은 뿌리 끝쪽을 다듬습니다. 밥은 물을 뿌려 전자레인지로 데워 둡니다.
② 볼에 토마토, 무순, 밥을 넣고, 올리브유를 더해 섞은 후 말고기를 넣어 버무립니다.

닭고기 순무 두유조림

담백한 맛의
닭가슴살을
크림 소스 느낌의 두유에!

개의 크기별 분량	SS	S	M	L
닭가슴살 (껍질 제거)	70g	120g	200g	290g
순무, 감자	각 50g	각 85g	각 140g	각 210g
두유	150ml	250ml	430ml	620ml
	252kcal	423kcal	713kcal	1062kcal

• 조리법

① 닭고기는 먹기 편한 크기로 자릅니다. 순무, 감자는 껍질을 벗겨 잘게 깍둑썰기합니다.

② 냄비에 두유, ①을 넣고 중불로 조립니다.

③ 고기의 색이 변하고, 순무와 감자가 부드러워지면 완성입니다.

가다랑어 우동

우동면은
찰기가 없어질 정도로
잘 익히세요.

• 재료

개의 크기별 분량	SS	S	M	L
가다랑어	80g	135g	225g	330g
삶은 우동	70g	120g	200g	290g
시금치	30g	50g	85g	125g
가쓰오부시	2g	3g	4g	6g
들기름	1작은 술	1½작은 술	1큰 술	1½큰 술
뜨거운 물	200ml	320ml	500ml	800ml
	256kcal	430kcal	724kcal	1062kcal

• 조리법

① 가다랑어는 1cm 정도로 깍둑썰기하고 우동은 짧게 자릅니다. 시금치는 부드럽게 데친 후 잘게 썹니다.

② 냄비에 뜨거운 물과 우동을 넣고 중불로 익히다가 가다랑어, 시금치를 넣고 끓입니다. 그릇에 담아 가쓰오부시와 들기름을 두릅니다.

양상추 볶음밥

올리브유로
풍미를 더하고
깨로 향을 냅니다.

깨

개의 크기별 분량	SS	S	M	L
저민 고기	45g	75g	125g	185g
양상추	30g	50g	85g	125g
달걀물	½개분	1개분	1½개분	2½개분
밥	35g	60g	100g	145g
볶음깨(간 것)	2작은 술	1큰 술	1½큰 술	2큰 술
올리브유	½작은 술	1작은 술	2작은 술	1큰 술
	247kcal	427kcal	705kcal	1054kcal

· 조리법

① 양상추는 채를 칩니다.
② 프라이팬에 올리브유를 가열하고 저민 고기와 달걀물, 양상추, 밥을 넣고 볶습니다.
③ 고기의 색이 변하면 그릇에 담고 볶음깨를 뿌리면 완성됩니다.

오트밀

고기와 채소를 넣은
오트밀 메뉴!

• 재료

개의 크기별 분량	SS	S	M	L
저민 닭고기	80g	135g	225g	330g
그린 아스파라거스	30g	50g	85g	125g
오트밀	30g	50g	85g	125g
뜨거운 물	200ml	320ml	500ml	800ml
	258kcal	433kcal	719kcal	1071kcal

• 조리법

① 그린 아스파라거스는 밑동의 단단한 부분과 껍질을 벗기고 잘게 썹니다.

② 냄비에 뜨거운 물, 그린 아스파라거스, 오트밀을 넣고 중불로 끓입니다.

③ 그린 아스파라거스가 부드러워지면 다진 고기를 넣고 변색이 될 때까지 끓입니다.

냉장고 속 재료로
특별한 한 그릇

가족이 먹을 음식을 만들 때
같은 식재료로 반려견의 음식도 함께 만드세요.
먹지 말아야 할 것, 주의가 필요한 것(18페이지 참조) 이외에는
반려견에게도 같은 식재료 사용을 권장합니다.
반려견에게는 재료 본연의 맛이면 충분하니 양념은 필요 없습니다.

They're my favorite!

꽁치찜

칼슘과 식이섬유
보충에 좋습니다.

• 재료

개의 크기별 분량	SS	S	M	L
꽁치	60g	100g	170g	250g
고구마, 호박	각 30g	각 50g	각 85g	각 125g
생강	1작은 술	1½작은 술	2작은 술	1큰 술
물	400ml			
	254kcal	427kcal	719kcal	1054kcal

• 조리법

① 꽁치는 5cm 폭으로 조각을 냅니다. 고구마, 호박은 껍질을 벗겨 1cm 정도로 깍둑썰기합니다.

② 압력솥에 ①, 잘게 썬 생강, 물을 넣고 센불로 끓입니다.

③ 압력이 올라가면 약불로 20분 정도 가열합니다. 불을 끄고 압력이 내려갈 때까지 뜸을 들입니다.

청경채 크림 수프

목 넘김이 좋아
먹기 편해요.

• 재료

개의 크기별 분량	SS	S	M	L
닭 가슴살 (껍질 제거)	95g	160g	270g	400g
청경채	30g	50g	85g	125g
우유	150ml	250ml	400ml	600ml
전분	1큰 술	2큰 술	2½큰 술	4큰 술
	255kcal	428kcal	722kcal	1058kcal

• 조리법

① 청경채는 잘게 썹니다. 닭고기는 먹기 편한 크기로 자릅니다.

② 냄비에 청경채와 우유를 넣고 센불로 끓이다가 펄펄 끓으면 닭고기를 넣고 중불로 조립니다.

③ 고기의 색이 변하면 전분(물과 전분 2:1)을 넣어 걸쭉하게 만듭니다.

닭 가슴살 샐러드

포만감과 만족감을
느낄 수 있는 식감

• 재료

개의 크기별 분량	SS	S	M	L
닭 안심	110g	185g	310g	455g
고구마	60g	100g	170g	250g
오이	50g	80g	120g	200g
참기름	1작은 술	1½작은 술	1큰 술	1½큰 술
	248kcal	417kcal	723kcal	1030kcal

• 조리법

① 닭 안심은 뜨거운 물에 2~3분 정도 삶습니다. 고구마는 전자레인지로 가열해서 부드럽게 만듭니다.

② 고구마와 닭 가슴살을 먹기 편한 크기로 자릅니다. 오이는 잘게 썹니다.

③ 볼에 ①과 ②를 넣고 참기름을 둘러 무칩니다.

소 힘줄 국

소 힘줄은
오래 끓이지 않아도
되는 경우도 있습니다.

완두콩

• 재료

개의 크기별 분량	SS	S	M	L
소 힘줄	110g	185g	310g	455g
무	80g	135g	225g	330g
당근	70g	120g	200g	290g
완두콩	40g	65g	110g	165g
물	200ml			
	248kcal	417kcal	702kcal	1029kcal

• 조리법

① 소 힘줄을 끓는 물에 넣어 끓으면 꺼내어 깨끗하게 씻어, 먹기 편한 크기로 자릅니다.
　무, 당근은 껍질을 벗긴 후 얇게 십자썰기를 합니다. 완두콩은 포크로 가볍게 으깹니다.
② 압력솥에 ①과 물을 넣고 센불로 끓이다가 압력이 올라가면 약불에서 20분 끓입니다.
　불을 끄고 압력이 내려갈 때까지 뜸을 들입니다.

현미죽

고기와 현미를
조합하여
헬시&주시!

• 재료

개의 크기별 분량	SS	S	M	L
소뒷다리살	90g	150g	255g	375g
현미밥	55g	90g	155g	230g
경수채	30g	50g	85g	125g
구운 김	⅛장	¼장	⅜장	½장
물	150ml	250ml	430ml	620ml
	251kcal	422kcal	710kcal	1042kcal

• 조리법

① 소고기는 먹기 편한 크기로 자르고 경수채는 잘게 썹니다.

② 냄비에 현미밥과 물을 넣고 죽처럼 될 때까지 끓입니다.

③ ①을 넣고 더 끓여 고기의 색이 변하면 그릇에 담고, 구운 김을 잘게 부셔 올립니다.

닭 다리살 치즈구이

치즈는 염분이
적은 것을 사용합니다.

코티지

• 재료

개의 크기별 분량	SS	S	M	L
닭 다리살	50g	85g	140g	210g
가지	35g	60g	100g	150g
주키니호박	30g	50g	85g	125g
코티지치즈	70g	120g	200g	290g
올리브유	½작은 술	1작은 술	2작은 술	1큰 술
	254kcal	427kcal	719kcal	1054kcal

• 조리법

① 가지, 주키니호박은 2~3mm 두께로 자르고, 닭고기는 1cm 정도로 깍둑썰기합니다.

② 프라이팬에 올리브유를 두르고 데워지면 ①을 볶고 나서 내열용기로 옮깁니다.
코티지치즈를 뿌리고 오븐에 넣어 치즈 표면이 변색이 될 때까지 굽습니다.

물만두

만두소를 조금 바꾸면
반려견도 먹을 수
있어요.

• 재료

개의 크기별 분량	SS	S	M	L
저민 돼지고기	50g	85g	140g	210g
배추, 표고버섯	각 10g	각 15g	각 30g	각 40g
만두피	8장	15장	25장	36장
파드득나물	적당량			
	258kcal	433kcal	730kcal	1071kcal

• 조리법

① 배추, 표고버섯은 잘게 썰어 둡니다.

② 볼에 ①과 저민 돼지고기를 넣고 잘 섞은 후 만두를 빚습니다.

③ 냄비에 충분한 물을 넣고 끓으면 ②를 넣고 5분 정도 더 끓입니다.
   그릇에 담고 파드득나물을 올립니다.

스패니시 오믈렛

양념을 하지 않습니다.

• 재료

개의 크기별 분량	SS	S	M	L
달걀물	2개분	3½개분	6개분	9개분
참마	50g	85g	140g	210g
당근, 파프리카	각 30g	각 50g	각 85g	각 125g
올리브유	½작은 술	1작은 술	2작은 술	1큰 술
파슬리	적당량			
	238kcal	410kcal	699kcal	1041kcal

• 조리법

① 참마, 당근, 파프리카는 껍질을 벗겨서 아주 잘게 깍둑썰기합니다. 각각 전자레인지에 돌려 부드럽게 한 후 달걀물에 섞습니다.

② 프라이팬에 올리브유를 두르고 가열한 후 ①을 부어 양면을 굽습니다. 그릇에 담고 파슬리를 뿌립니다.

전갱이 비빔밥

깨를 많이 올린
영양 만점 비빔밥!

깨

• 재료

개의 크기별 분량	SS	S	M	L
전갱이	110g	185g	310g	455g
밥	60g	100g	170g	250g
생강	1작은 술	1½작은 술	2작은 술	1큰 술
검정깨	1작은 술	1½작은 술	1큰 술	1½큰 술
	253kcal	425kcal	716kcal	1050kcal

• 조리법

① 전갱이는 구워서 머리와 뼈를 제외하고 발라 냅니다.
② 밥에 전갱이, 잘게 썬 생강, 부순 검정깨를 넣고 비비면 완성됩니다.

돼지고기 생강구이

고기를 메인으로 하면
채소도 많이 먹어요.

개의 크기별 분량	SS	S	M	L
돼지뒷다리살	75g	125g	210g	310g
감자	75g	125g	210g	310g
양상추	20g	35g	60g	85g
간 생강	1작은 술	1½작은 술	2작은 술	1큰 술
참기름	½작은 술	1작은 술	2작은 술	1큰 술
	257kcal	432kcal	727kcal	1067kcal

• 조리법

① 돼지고기는 먹기 편한 크기로 자르고, 양상추는 채를 칩니다. 감자는 껍질을 벗겨 잘게 자르고, 전자레인
지로 가열해 부드럽게 한 후 소량의 뜨거운 물을 넣어 매시드 포테이토로 만듭니다.

② 프라이팬에 참기름을 부어 가열하고, 생강, 양상추, 돼지고기를 넣어 고기의 색이 변할 때까지 구운 후
매시드 포테이토를 곁들여 그릇에 담습니다.

따끈따끈 간 포토푀

맛있어 보여
먹고싶을 거예요!

• 재료

개의 크기별 분량	SS	S	M	L
닭 간	110g	185g	310g	455g
순무	100g	165g	280g	415g
무청	30g	50g	85g	125g
방울토마토	30g	50g	85g	125g
삶은 달걀(완숙)	1개	2개	3½개	5개
뜨거운 물	200ml	320ml	500ml	800ml
	245kcal	418kcal	712kcal	1035kcal

• 조리법

① 간은 먹기 편한 크기로 자릅니다. 순무는 껍질을 벗겨 얇게 십자썰기를 합니다. 무청은 잘게 썰고 방울토마토는 세로로 반달썰기를 합니다.

② 냄비에 뜨거운 물과 ①을 넣고 5~6분 정도 끓입니다. 그릇에 담아 삶은 달걀을 잘게 썰어 흩뿌립니다.

소고기전

• 재료

개의 크기별 분량	SS	S	M	L
소고기(스테이크용)	55g	90g	155g	230g
피망	30g	50g	85g	125g
달걀물	1큰 술	2큰 술	3큰 술	4큰 술
밀가루	25g	40g	70g	100g
물	30ml	50ml	90ml	130ml
참기름	½작은 술	1작은 술	2작은 술	1큰 술
	252kcal	430kcal	716kcal	1042kcal

• 조리법

① 소고기는 2cm 정도로 깍둑썰기합니다. 피망은 꼭지를 떼고 세로로 반등분한 후 채를 칩니다.

② 밀가루에 달걀물과 물을 부어 반죽을 만든 후 ①을 넣고 잘 섞습니다.

③ 프라이팬에 참기름을 두르고 가열한 후 ②를 작은 원형으로 만들어 부칩니다.

멸치달걀찜

맛있어서 눈 깜짝할
사이에 먹어 치울지도
몰라요.

• 재료

개의 크기별 분량	SS	S	M	L
달걀물	2개분	3½개분	5½개분	8개분
멸치	20g	35g	55g	85g
가쓰오부시	2g	3g	4g	5g
호박	70g	120g	200g	290g
잎새버섯	15g	25g	40g	60g
파드득나물	10g	20g	35g	50g
물	250ml	400ml	700ml	1000ml
	255kcal	440kcal	712kcal	1040kcal

• 조리법

① 냄비에 물, 가쓰오부시를 넣고 센불에 펄펄 끓으면 불을 끄고 그대로 식힙니다.

② 호박은 전자레인지에 돌린 후 작게 썹니다. 파드득나물은 잘게 썰고 잎새버섯은 밑동을 제거한 후
잘게 썹니다.

③ ①에 달걀물, 멸치, ②를 넣어 잘 섞은 후 전자레인지에서 4~5분 정도 가열합니다.

돼지 간 햄버그스테이크

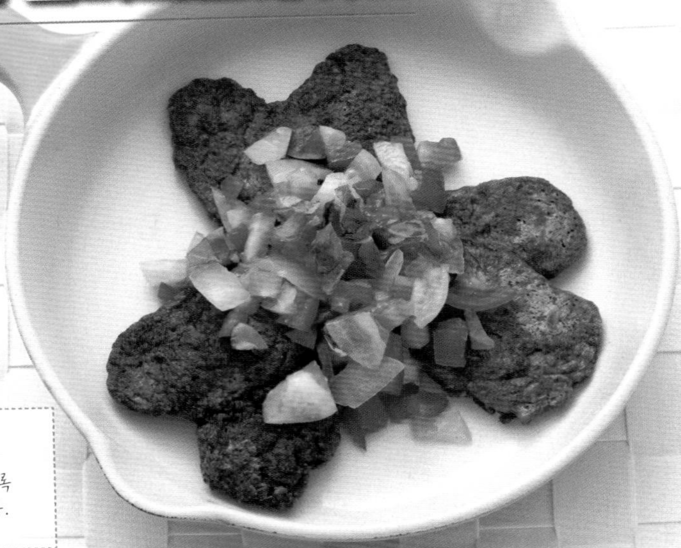

뿌리채소는
소화가 잘 되도록
갈아서 만듭니다.

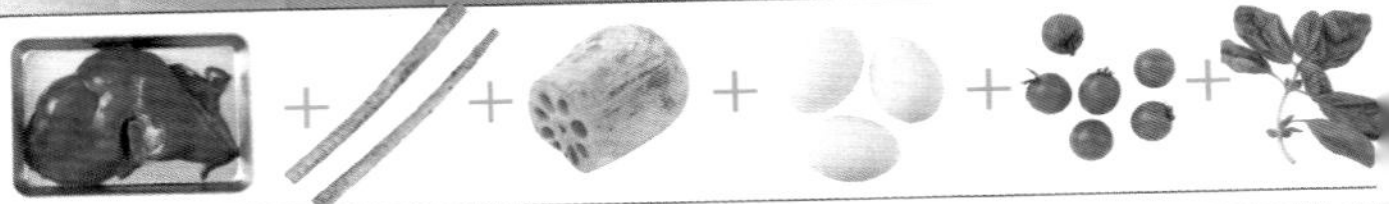

• 재료

개의 크기별 분량	SS	S	M	L
돼지 간	90g	150g	255g	375g
우엉, 연근	각 30g	각 50g	각 85g	각 125g
달걀물	1큰 술	2큰 술	4큰 술	6큰 술
밀가루	1큰 술	1½큰 술	2½큰 술	4큰 술
올리브유	½작은 술	1작은 술	2작은 술	1큰 술
방울토마토, 바질	각 적당량			
	243kcal	415kcal	714kcal	1049kcal

• 조리법

① 우엉, 연근은 껍질을 벗기고, 간과 함께 푸드 프로세서로 갑니다.

② 볼에 ①을 넣고 달걀물, 밀가루를 더해 잘 반죽합니다. 좋아하는 형태로 만든 후 중앙을 움푹 들어가게 합니다.

③ 프라이팬에 올리브유를 두르고 가열한 후 ②를 알맞게 굽습니다. 그릇에 담고 방울토마토와 바질을 잘게 썰어 올립니다.

춘권

춘권 속은 그날그날
냉장고 속 재료를
사용하세요.

· 재료

개의 크기별 분량	SS	S	M	L
다진 소고기	65g	110g	185g	270g
양상추	30g	50g	85g	125g
아보카도	20g	35g	60g	80g
라이스 페이퍼	2장	3장	5장	8장
	254kcal	427kcal	719kcal	1054kcal

· 조리법

① 프라이팬을 가열하여 다진 소고기를 넣고 살짝 굽습니다.
② 양상추는 채를 치고 아보카도는 껍질을 벗긴 후 과육을 채 칩니다.
③ 라이스 페이퍼를 물에 불린 후 ①과 ②를 넣고 쌉니다.
④ 먹기 좋은 크기로 잘라서 그릇에 담습니다.

양갈비 믹스빈 찜

콩과 채소, 양갈비의
절묘한 콜라보

믹스빈

• 재료

개의 크기별 분량	SS	S	M	L
양갈비	70g	120g	200g	300g
믹스빈(캔)	30g	50g	85g	125g
토마토, 감자	각 50g	각 85g	각 140g	각 210g
셀러리	20g	35g	55g	85g
올리브유	½작은 술	1작은 술	2작은 술	1큰 술
물	400ml			
	250kcal	420kcal	709kcal	1038kcal

• 조리법

① 토마토와 감자는 껍질을 벗긴 후 작게 깍둑썰기를 합니다. 셀러리는 줄기를 제외하고 얇게 썹니다.

② 프라이팬에 올리브유를 두르고 가열한 후 양갈비의 양면을 잘 익혀 색이 변하면 ①과 믹스빈을 넣고 살짝 볶습니다.

③ 압력솥에 ②와 물을 넣고 센불로 삶다가 압력이 올라가면 약불로 20분 정도 가열합니다. 불을 끄고 압력이 낮아질 때까지 뜸을 들입니다.

정어리구이

정어리를 고등어로
바꿔도
이탈리안 느낌의 한끼가
됩니다.

개의 크기별 분량	SS	S	M	L
정어리(중)	2마리	3마리	5½마리	7½마리
토마토	50g	85g	140g	210g
밀가루, 달걀물, 빵가루	각 적당량			
올리브유	½작은 술	1작은 술	2작은 술	1큰 술
바질잎	2~3장	3~4장	5~6장	7~8장
	267kcal	417kcal	740kcal	1039kcal

• 조리법

① 정어리는 머리와 내장을 제거하고 가릅니다. 밀가루를 묻혀 살짝 턴 후 달걀물에 담갔다 빼어 빵가루를
   입힙니다. 토마토는 작게 깍둑썰기하고, 바질잎은 잘게 썹니다.
② 프라이팬에 올리브유를 두르고 가열한 후 약한 중불로 정어리의 양면을 잘 굽습니다.
③ 프라이팬에 토마토, 물 2~4큰 술을 넣고 1~2분 정도 조려 소스를 만듭니다. 그릇에 담은 정어리에
   소스를 올리고 바질잎을 뿌립니다.

오코노미야키

콩나물 대신 양배추를
사용해도 됩니다.

▸ 재료

개의 크기별 분량	SS	S	M	L
돼지고기 삼겹살	30g	50g	85g	125g
콩나물	50g	85g	140g	210g
달걀물	1큰 술	2큰 술	4큰 술	6큰 술
밀가루	3큰 술	5큰 술	7큰 술	10큰 술
파래가루	적당량			
	259kcal	440kcal	716kcal	1045kcal

▸ 조리법

① 콩나물은 잘게 썹니다.
② 밀가루에 달걀물을 넣고 물을 조금씩 부어가며 천천히 늘어질 정도로 반죽한 후 콩나물을 넣고 잘 섞습니다.
③ 프라이팬에 돼지고기를 올려 놓고 중불로 익히다가 기름이 나오면 ②의 반죽을 올려 양쪽 면을 잘 익힙니다.
④ 접시에 담아 적당량의 파래가루를 뿌립니다.

중화 당면 수프

채소가 흐물거릴
때까지 삶고
참기름으로
식욕을 돋우세요

· 재료

개의 크기별 분량	SS	S	M	L
얇게 썬 돼지 등심	70g	120g	200g	290g
소송채	30g	50g	85g	125g
무	40g	65g	115g	160g
당면	20g	35g	55g	85g
물	300ml	500ml	800ml	1200ml
참기름	¼작은 술	½작은 술	1작은 술	2작은 술
	249kcal	418kcal	705kcal	1033kcal

· 조리법

① 돼지고기는 먹기 편한 크기로 자릅니다. 소송채는 뿌리를 제거하고, 무는 껍질을 벗겨 채를 썹니다.
   당면은 살짝 데쳐 짧게 자릅니다.
② 냄비에 물, 소송채, 무, 당면을 넣고 무가 부드러워질 때까지 끓입니다.
③ 돼지고기를 넣어 더 삶다가 고기의 색이 변하면 참기름을 둘러 완성합니다.

연어구이 찜

아삭아삭한 양배추의
식감을
반려견도 즐길거에요.

• 재료

개의 크기별 분량	SS	S	M	L
생연어	135g	230g	380g	560g
양배추	50g	85g	140g	210g
콩나물	30g	50g	85g	125g
무염 버터	5g	8g	15g	20g
왜된장	½작은 술	1작은 술	1½작은 술	2작은 술
	252kcal	423kcal	713kcal	1046kcal

• 조리법

① 연어는 먹기 편한 크기로 자르고, 양배추는 채로 썹니다.
② 프라이팬에 버터와 연어를 넣고, 양배추, 콩나물, 왜된장을 올리고 뚜껑을 덮어 찌듯이 삶습니다.
③ 채소가 흐물흐물해지고 연어가 잘 익으면 완성입니다.

가다랑어튀김국

수분도 적당히
보충할 수 있어요.

· 재료 ◁

개의 크기별 분량	SS	S	M	L
가다랑어(회용)	75g	125g	210g	310g
고구마	40g	65g	110g	165g
간 무	30g	50g	85g	125g
마른멸치	2g	3g	5g	6g
밀가루, 튀김유	각 적당량			
물	120ml	200ml	350ml	500ml
	242kcal	406kcal	696kcal	1005kcal

· 조리법 ◁

① 가다랑어, 고구마는 1cm 정도로 깍둑썰기를 하고 밀가루를 묻혀 저온에서 튀깁니다.
② 냄비에 물, 마른멸치를 넣고 중불로 10분 정도 끓입니다.
③ 그릇에 ①을 담고, ②를 부은 후 간 무를 올리면 완성입니다.

채소 & 과일 & 고기로
만드는
건강한 간식

먹는 양은 적지만 간식도 식사의 하나입니다.
간식 또한 몸에 좋고 안심할 수 있는 재료로 만드는 것이
좋은 것은 두말할 나위가 없습니다.
그리고 주는 보호자분과 먹는 반려견 사이를
더욱 가깝고 친밀하게 해 주는 것이 간식입니다.
간식을 주는 방법은 Part4
'반려견의 사료 만들기와 식사에 관한 Q&A 30'의
Q1(119페이지), Q7, Q8(122페이지)를 참고하세요.

I can't wait
to taste it!

※ 1개분의 표기 이외, 칼로리는 재료의 분량으로 만든 전량분입니다.

스위트 펌프킨

553 kcal

먹기 전에 벌꿀을
뿌려 주세요.

• 재료

호박 360g, 벌꿀 1½작은 술, 무염 버터 10g, 달걀 노른자 적당량

• 조리법

① 호박은 4~6등분으로 자르고, 내열용기에 랩을 헐겁게 씌우고 전자레인지로 약 10분 정도 가열해서
   부드럽게 만듭니다. 버터는 실온에서 부드러워지도록 둡니다.
② 호박의 껍질을 벗기고 볼에 넣어 으깹니다.
③ 벌꿀과 버터를 넣고 잘 섞습니다.
④ 좋아하는 형태나 먹기 편한 크기로 만든 후 표면에 솔 등으로 노른자를 바릅니다.
⑤ 오븐에서 3분 정도 구워 그릇에 담아 벌꿀(분량 외)을 뿌립니다.

오렌지 케이크

오렌지 이외의
다른 과일도
괜찮습니다.

323 kcal

• 재료

(지름 5cm 정도의 머핀형 · 4개분)

오렌지 1개, 벌꿀 1작은 술, 밀가루 50g, 베이킹파우더 ½작은 술, 우유 40ml, 달걀물 2큰 술

• 조리법

① 오렌지는 껍질을 벗겨 얇게 썰고, 물 1큰 술(분량 외)과 벌꿀을 넣고 약불에 올립니다. 부드러워지면
불을 끄고 식힙니다.

② 달걀물, 우유는 잘 섞고, 밀가루, 베이킹파우더를 털어 넣고 툭툭 끊어질 정도로 반죽합니다.

③ 오렌지를 ②에 넣고 반죽하여 내열용기에 넣어 전자레인지에서 2분 가열합니다. 젓가락 등으로 찔러
반죽이 뚫리지 않으면 완성입니다.

당근 팬케이크

520 kcal

부드럽게 삶은 당근을
작게 썰어
접시에 흘 뿌려요.

＋ ＋ ＋ 벌꿀

• 재료 (지름 20cm · 1개분)

달걀물 2큰 술, 우유 90ml, 당근 50g, 밀가루 100g, 베이킹파우더 1½작은 술, 샐러드유 1작은 술,
벌꿀(적당량)

• 조리법

① 달걀물과 우유를 잘 섞은 후 밀가루와 베이킹파우더를 합쳐서 조금씩 털어 넣으며 반죽합니다. 당근은
　잘게 갈아서 섞습니다.
② 프라이팬에 샐러드유를 두르고 가열한 후 ①을 부어 펼치며 노릇하게 잘 굽습니다.
③ ②를 4등분하여 접시에 담고, 삶은 당근(분량 외)을 작게 잘라 곁들인 후 벌꿀을 뿌리면 완성입니다.

오트밀과 치즈 쿠키

한 번에 많이 주면
안 돼요.

660 kcal

• 재료 ◁ (지름 4cm 정도 · 15개분)

달걀물 ½개분, 카놀라유 2½큰 술, 오트밀 50g, 밀가루 30g, 코티지치즈 20g, 벌꿀 1큰 술

• 조리법 ◁

① 카놀라유에 달걀물을 조금씩 부으며 섞습니다.

② 오트밀, 밀가루는 혼합한 후 2~3회에 걸쳐 ①에 넣고 섞습니다.

③ 코티지치즈, 벌꿀을 ①에 넣어 잘 섞고, 숟가락으로 떠서 약 4cm 정도의 둥근 형태로 만든 후 납작하게
펍니다. 180℃의 오븐에서 20분 간 구우면 완성됩니다.

진저 쿠키

724 kcal

검정깨가 없으면
참깨도 괜찮아요.

• 재료 ◄ **(6cm 정도의 뼈 모양 · 22개분)**

무염 버터 20g, 흑설탕 1큰 술, 달걀물 1개분, 밀가루 90g, 검정깨 가루 1큰 술, 호두 15g, 간 생강 1작은 술

• 조리법 ◄

① 실온에서 부드러워진 무염 버터에 흑설탕, 달걀물을 넣고 섞습니다.

② ①에 밀가루를 넣고 툭툭 끊어질 정도로 반죽한 후 깨, 잘게 부순 호두, 생강을 넣고 반죽합니다.

③ ②의 반죽을 조금씩 떼어 뼈 모양으로 만든 후 170℃의 오븐에서 20분 간 구우면 완성됩니다.

고구마 쿠키

368 kcal

다양한 크기로
만들어 두면
나누어 쓰기 편합니다.

· 재료 (지름 3cm, 두께 1cm · 10개분)

고구마 200g, 전분 1큰 술, 무염 버터 5g

· 조리법

① 고구마는 전자레인지로 가열해서 부드럽게 만들고 껍질째 으깨어 매끈하게 합니다.

② 전분을 섞어서 귓불 정도로 부드러워지면 지름 3cm 정도로 모양을 만든 후 1cm 두께로 자릅니다.

③ 프라이팬을 가열하여 버터를 녹인 후 ②를 넣어 양면이 노릇해질 때까지 잘 구워 주면 완성됩니다.

새알 단팥죽

800 kcal

Muddy!

반려견용 단팥죽은
어떨까요?

단팥 캔 + 깨

• 재료 (지름 1cm의 새알 18개, 단팥죽 500ml분)

찹쌀가루 50g, 물 30~50ml, 단팥 캔(무가당) 430g, 흑설탕 1큰 술, 검정깨 가루 1큰 술

• 조리법

① 찹쌀가루에 물을 조금씩 넣으면서 귓불의 촉감 정도로 부드럽게 반죽합니다.
② 지름 1cm 정도의 원형으로 만든 후 엄지와 검지로 가운데를 눌러 조롱이떡 형태로 만듭니다.
③ 냄비에 물을 넣고 펄펄 끓으면 센불에서 ②를 하나씩 넣고, 떠오르기 시작하면 1분 뒤에 꺼내어 찬물에
식힙니다.
④ 팥, 흑설탕, 깨를 푸드 프로세서로 갈아 페이스트 상태로 만들고 뜨거운 물 70ml(분량 외)를 더해 단팥
죽 형태가 되면 새알심을 넣어 완성합니다.

허브 러스크

드라이 허브는
오일에 조금
오래 담가 두세요.

250 kcal

• 재료

샌드위치용 식빵 2장, 올리브유 2작은 술, 바질 큰 잎 3장, 로즈마리(드라이) 2작은 술

• 조리법

① 올리브유는 1작은 술로 나누어 잘게 썬 바질과 로즈마리에 각각 넣습니다.

② 식빵의 귀를 제거한 후 한 장을 6~8조각으로 자르고, ①을 각각 발라 오븐에 넣어 노릇해질 때까지 구우
면 완성됩니다.

뿌리채소 칩스

굽기만 하면 완성되는
간식, 무엇으로 만들지
는 생각하기 나름

30 kcal
연근

18 kcal
당근

6 kcal
우엉

66 kcal
고구마

• 재료   (두께 3mm 정도 · 각 채소 10장분)

고구마, 연근, 당근, 우엉 각 3cm 정도

• 조리법

① 고구마, 연근, 당근, 우엉을 깨끗이 씻은 후 각각 3mm 정도의 두께로 썹니다.

② 썬 재료를 120~130℃의 오븐에서 40분 정도, 수분이 날아가 바삭바삭해질 때까지 굽습니다.

육포 3종

작게 만들어 두면
주는 횟수가 늘어
더 좋아해요.

133
kcal
소고기

94
kcal
근위

105
kcal
닭 안심

• 재료   (3mm 정도의 두께 · 각 10개분)

닭 안심 2개, 근위(닭똥집) 5개, 소고기(지방이 적은 부위) 약 3cm

• 조리법

① 닭 안심, 근위, 소고기는 부엌칼로 쉽게 썰 수 있을 정도로 냉동합니다.

② ①을 각각 3mm 정도의 두께(더 얇아도 됨)로 썹니다.

③ ②를 120~130℃의 오븐에서 약 80분, 수분이 날아갈 때까지 굽다가 오븐을 끄고 그대로 안에 두고
식힌 후에 꺼냅니다.

닭 간 쿠키

750 kcal

오트밀로 거친 식감을 냅니다.

• 재료 (지름 4cm · 18개분)

닭 간 70g, 오트밀 70g, 달걀물 ½개분, 카놀라유 3큰 술

• 조리법

① 닭 간은 끓는 물에 살짝 데친 후 깍둑썰기합니다.

② ①에 오트밀, 달걀물, 카놀라유를 넣고 잘 섞은 후 숟가락으로 떠 지름 4cm 정도의 원형으로 만듭니다.
180℃의 오븐에서 15분 간 구우면 완성됩니다.

몽글몽글 사과 젤리

잘 굳지 않는
재료를 사용하여
푸딩같은 젤리로!

196
kcal

• 재료 (가로세로 각 20cm, 높이 5cm의 용기 1개분)

사과 1개(약 300g), 젤라틴 10g, 뜨거운 물 400ml

• 조리법

① 젤라틴은 뜨거운 물에 풀고, 사과를 갈아 넣어 잘 섞습니다.
② 용기에 ①을 부은 다음 열이 식으면 냉장고에 넣어 굳힙니다.

믹스 베리 요구르트

194
kcal

벌꿀 + 요구르트 +

• 재료

믹스 베리(냉동) 50g, 요구르트(무염) 100g, 벌꿀 ½큰 술, 바질(조금)

• 조리법

① 얼린 믹스 베리에 요구르트, 벌꿀을 넣고 푸드 프로세서로 갑니다.
② 그릇에 ①을 담고 바질을 올립니다.

건강하게 생활하기 위한
건강 레시피

건강한 몸을 만들고 유지하기 위해서는

매일 먹는 식생활이 기본입니다.

이것은 사람이나 개나 똑같습니다.

살찌지 않는 식사, 안티 에이징 효과가 있는 식사,

생활습관병에 걸리지 않기 위한 식사, 예뻐지기 위한 식사….

맛있게 먹을 수 있고 이런 효과가 있는 한 끼를

반려견에게 대접하세요.

Health comes first!

고등어 파스타 샐러드

건강한 피부와
윤기있는 털을 위해

새싹채소

개의 크기별 분량	SS	S	M	L
고등어(토막)	80g	135g	225g	330g
파스타	15g	25g	40g	60g
새싹채소	30g	50g	85g	125g
들기름	¼작은 술	½작은 술	1작은 술	2작은 술
	250kcal	420kcal	708kcal	1038kcal

· 조리법

① 고등어는 가볍게 살짝 익히고, 뼈와 가시를 바릅니다.

② 파스타는 끓는 물에 부드럽게 삶습니다. 새싹채소는 작게 뜯어냅니다.

③ ①과 ②를 섞고 그대로 둔 후 식으면 들기름을 두르고 버무립니다.

닭 날개와 당면 수프

관절에 도움이 됩니다.

• 재료

개의 크기별 분량	SS	S	M	L
닭 날개	170g	290g	480g	710g
당면	10g	15g	30g	40g
브로콜리	50g	85g	140g	210g
당근, 파프리카	각 20g	각 35g	각 55g	각 85g
물	300ml	500ml	800ml	1200ml
	254kcal	427kcal	719kcal	1054kcal

• 조리법

① 브로콜리, 파프리카, 당근은 껍질을 벗긴 후 잘게 썹니다.

② 냄비에 물, 닭 날개, 당면, ①을 넣고 센불에 놓아 끓으면 중불로 바꿉니다. 당면을 꺼내어 3cm 정도의 길이로 잘라 냄비에 다시 넣고, 약불에서 30분 정도 익힙니다. 그대로 식히고 뼈를 바르면 완성됩니다.

닭 연골과 채소 프리토

관절을 튼튼하게
유지시킵니다.

개의 크기별 분량	SS	S	M	L
닭 연골	70g	120g	200g	290g
닭 안심	20g	35g	55g	85g
주키니, 파프리카	각 20g	각 35g	각 55g	각 85g
감자	30g	50g	85g	125g
밀가루, 달걀물	각 적당량			
튀김용 기름	적당량			
	256kcal	431kcal	726kcal	1063kcal

• 조리법

① 감자는 껍질을 벗기고, 전자레인지로 가열해서 부드럽게 만듭니다. 연골, 닭 안심은 먹기 편한 크기로
자릅니다.

② ①, 주키니, 파프리카는 2cm 정도로 깍둑썰기합니다. 밀가루와 달걀물을 섞어 튀김옷을 만듭니다.

③ 연골, 닭 안심, 깍둑썰기한 채소에 튀김옷을 입힌 후 낮은 온도에서 천천히 튀깁니다.

채소죽

• 재료

개의 크기별 분량	SS	S	M	L
닭 안심	100g	170g	285g	415g
양상추	30g	50g	85g	125g
우엉	50g	85g	140g	210g
만가닥버섯, 맛버섯	각 30g	각 50g	각 85g	각 125g
현미밥	55g	90g	155g	230g
	254kcal	427kcal	719kcal	1054kcal

• 조리법

① 양상추는 잘게 썹니다. 우엉은 씻어서 껍질을 깎아 벗겨 내고, 만가닥버섯은 밑동을 잘라낸 후 잘게 다
   집니다. 닭 안심은 먹기 편한 크기로 자릅니다.
② 현미밥은 뜨거운 물에 풀면서 부드럽게 끓이다가 양상추, 만가닥버섯, 맛버섯을 넣고 끓입니다.
③ 양상추, 만가닥버섯, 맛버섯이 익으면 닭 안심을 넣어 고기 색이 변할 때까지 끓이면 완성됩니다.

닭 가슴살과 양고기 수프

고단백 저칼로리의
다이어트식!

• 재료

개의 크기별 분량	SS	S	M	L
닭 안심	45g	75g	125g	185g
양갈비	70g	120g	200g	290g
양상추(1장 약 5g)	5장	10장	18장	25장
당면	10g	15g	30g	40g
간 생강	1작은 술	1½작은 술	2작은 술	1큰 술
물	300ml	500ml	800ml	1200ml
	250kcal	421kcal	711kcal	1042kcal

• 조리법

① 닭 안심은 먹기 편한 크기로 자릅니다. 뼈를 제거한 양갈비를 닭 안심과 같은 크기로 자릅니다. 당면은
　삶은 후 2cm 정도의 길이로 자릅니다. 양상추는 잘게 썹니다.

② 냄비에 물, 당면, 양상추를 넣어 센불에 삶고, 끓으면 닭 안심, 양고기, 간 생강을 넣어 살짝 익힙니다.

정어리와 연어 리소토

DHA로
앤티에이징!

개의 크기별 분량	SS	S	M	L
정어리, 생연어	각 50g	각 85g	각 140g	각 210g
표고버섯, 브로콜리	각 20g	각 35g	각 55g	각 85g
밥	40g	65g	115g	165g
물	150ml	250ml	450ml	600ml
	258kcal	430kcal	724kcal	1062kcal

• 조리법

① 정어리, 연어는 뼈와 가시를 발라낸 후 먹기 편한 크기로 자릅니다. 표고버섯은 밑동을 제거하고 브로콜
리는 작은 송이로 나누어 잘게 썹니다.

② 냄비에 물, 표고버섯, 브로콜리, 밥을 넣어 중불에 놓고 끓으면 정어리, 연어를 넣고 살짝 익힙니다.

깨와 견과류 온야사이

항산화 성분이 가득한
식재료로
안티에이징!

깨

· 재료

개의 크기별 분량	SS	S	M	L
닭 가슴살 (껍질 제거)	70g	120g	200g	290g
호박	50g	85g	140g	210g
파프리카	30g	50g	85g	125g
호두, 아몬드, 잣	각 ½큰 술	각 1큰 술	각 1½큰 술	각 2큰 술
검정깨 가루	1작은 술	1½작은 술	1큰 술	1½큰 술
참기름	½작은 술	1작은 술	2작은 술	1큰 술
	251kcal	422kcal	710kcal	1042kcal

· 조리법

① 호두, 아몬드, 잣은 잘게 부수고, 검정깨, 참기름과 섞어 둡니다.

② 호박은 껍질을 벗겨 1cm 정도로 깍둑썰기하고, 파프리카는 작게 깍둑썰기합니다. 닭고기는 먹기 편한 크기로 잘라 둡니다.

③ ②를 내열용기에 넣어 전자레인지에서 5분 정도(호박이 부드러워질 때까지) 가열하고, ①의 드레싱을 넣어 무칩니다.

※ 온야사이 : 채소를 가열해 먹는 조리법이나 그 요리

멍멍 카레

강황으로
간을 건강하게!

• 재료

개의 크기별 분량	SS	S	M	L
소 간	100g	170g	285g	415g
감자	80g	135g	225g	330g
당근	50g	85g	140g	210g
피망	30g	50g	85g	125g
강황가루	½작은 술	1작은 술	2작은 술	1큰 술
물	120ml	200ml	350ml	500ml
전분	1큰 술	2큰 술	3큰 술	4큰 술
	252kcal	423kcal	713kcal	1046kcal

• 조리법

① 간은 먹기 편한 크기로 자릅니다. 감자는 껍질을 벗겨 1cm 정도로 깍둑썰기합니다. 당근은 껍질을 벗기
고 잘게 썹니다. 피망도 잘게 썹니다.

② 냄비에 물, ①의 채소를 넣고 중불에 둡니다. 감자가 부드러워지면 간을 넣어 끓이다가 강황가루를 넣어
푼 후 전분(물과 전분 2:1)을 넣어 걸죽하게 만듭니다.

무와 달걀죽

소화가 잘 되고
설사에 즉효!

개의 크기별 분량	SS	S	M	L
닭 안심	30g	50g	85g	125g
달걀물	1개분	2개분	3½개분	5개분
무	50g	85g	140g	210g
오크라(1개 약 10g)	2개	4개	6개	9개
밥	65g	110g	185g	270g
물	150ml	250ml	430ml	620ml
	242kcal	432kcal	736kcal	1070kcal

• 조리법

① 닭 안심은 먹기 편한 크기로 자릅니다. 무는 잘게 썰고, 오크라는 세로로 반등분한 후 얇게 썹니다.
② 냄비에 물, 밥, 무, 오크라를 넣어 중불에 올리고, 죽의 형태가 되면 닭 안심, 달걀물을 넣어 한 번 더 끓입니다.

시판되는 사료에
맛있는 토핑

음식을 제대로 만들어 주고 싶다…,
그렇게 생각하지만 바쁘기도 하고,
매일 만든다는 것은
어려운 일입니다.
그럼 시중에 판매되고 있는 건사료에 토핑만 더해 보세요.
시간이 날 때 만들어 둔 것이나 색감이 좋은 것을 조합해
토핑하면 보기 좋은 한 끼가 됩니다.
꼭 도전해 보세요.

Yummy!

메추리알 & 방울토마토

소형견도 먹기 편한 크기인 메추리알은
우수한 토핑 재료입니다.

· 조리법

포장 판매하는 깐 메추리알도 좋습니다.
날것이라면 완전히 익힌 후에
먹기 편한 크기로 자릅니다.
방울토마토는 잘게 썰어 주세요.

55 kcal

토핑

바지락 & 그린 아스파라거스 & 가쓰오부시 & 파래

각종 캔 음식은 아주 편리합니다.
상비해 두시길 추천합니다.

· 조리법

손질 판매하는 바지락은 물기를 짜냅니다.
그린아스파라거스는 끓는 물에
부드러워질 때까지 삶고,
물에 식혀 얇게 어슷썰기합니다.
바지락, 아스파라거스, 가쓰오부시,
파래를 섞어서 사료 위에 올립니다

13 kcal

토핑

믹스 베지터블

냉동 식재료로
비타민과 미네랄을 더해요.

▸ 조리법

냉동 채소 믹스를 해동하고,
당근과 다른 식재료는 잘게 썹니다.
옥수수와 완두콩 등은
살짝 부숩니다.
모두 섞어서 토핑합니다.

23 kcal
토핑

믹스 빈 & 파슬리

병아리콩이나 키드니빈 등과 함께
향이 풍부한 파슬리를 가득.

▸ 조리법

캔 제품의 콩류는 물기를 빼고
잘게 부숩니다.
파슬리는 잎 부분만을 잘게 썹니다.
잘게 부순 콩에 파슬리를 섞어
사료 위에 올립니다.

44 kcal
토핑

삶은 달걀 & 브로콜리 새싹

색감 좋은 두 가지 식재료를
먹기 좋고 소화가 잘 되게.

・조리법

달걀은 완숙으로 삶아 4등분한
후 2~3mm 정도의 두께로
썹니다.
브로콜리 새싹은 밑동을 잘라냅니다.
달걀을 담고 브로콜리 새싹을 뿌립니다.

24 kcal

토핑

플레인 요구르트 & 바나나

간식을 토핑한 것 같아
좋아할 것 같아요.

・조리법

바나나는 껍질을 벗기고,
먹기 좋게 작게 깍둑썰기합니다.
플레인 요구르트와 바나나를 섞어
토핑합니다.

34 kcal

토핑

편리하고 맛있는
보존식 만들기

매일 식사를 준비하는 것은 힘든 일입니다.
바빠서 요리를 하지 못할 경우도 있는데,
이때는 언제라도 재깍 낼 수 있는 보존식이 있으면 도움이 됩니다.
부족하기 쉬운 비타민과 미네랄, 칼슘을 보충하기 위해서도
여기에서 소개하는 보존식을 매일 조금씩 더해 주세요.
또, 채소나 고기를 끓인 물은 버리지 말고
육수로 사용하기를 권합니다.

It is useful!

※ 냉동한 것은 1개월 정도 보존할 수 있습니다.
냉장한 것은 3일 이내에 사용해 주세요.

간 페이스트

200 kcal

• 재료

돼지 간 150g
파슬리 20g
물 400ml

• 조리법

① 냄비에 물, 돼지 간, 파슬리를 넣고 5분 정도 끓입니다.
② ①의 물기를 빼고 푸드 프로세서로 갈아 1회분씩 나눠 냉동합니다.

맛가루(후리카케) 3종

194 kcal 견과류

40 kcal 해조류

100 kcal 마른멸치

• 재료

견과류(호두, 아몬드, 잣) 각 10g
마른멸치(무염) 30g
해조류(다시마, 미역, 말린 톳) 각 10g

• 조리법

견과류 3종, 마른멸치, 해조류 3종을 각각 푸드 프로세서로
갈아 분말 형태로 만듭니다.

닭고기 수프스톡

300 kcal

▶ 재료

닭다리살   150g
물   500ml

▶ 조리법

① 냄비에 닭과 물을 넣고 7~8분 정도 익힌 후 꺼내어 잘게 찢습니다.
   국물은 남겨 둡니다.
② 국물에 다시 고기를 넣은 후 얼음 케이스에 담아 얼립니다.

다시마와 마른멸치 수프스톡

40 kcal

▶ 재료

다시마   5g
마른멸치   10g
물   500ml

▶ 조리법

① 냄비에 모든 재료를 넣어 끓으면 불을 끄고 식힙니다. 다시마, 마른멸치
   를 꺼내어 잘게 자른 후 다시 끓인 국에 넣습니다.
② 얼음 케이스에 담아 얼립니다.

채소와 돼지고기 수프스톡

360 kcal

▶ 재료

모둠 채소 100g
돼지고기(부위 상관 없음) 200g
물 800ml

▶ 조리법

① 채소와 고기를 잘게 다집니다.
② 냄비에 ①과 물을 넣고 7~8분 정도 삶은 후 불을 끄고 식혀
  얼음 케이스에 담아 얼립니다.

해산물 수프스톡

220 kcal

▶ 재료

어패류 200g
물 800ml

▶ 조리법

① 냄비에 어패류, 물을 넣고 7~8분 정도 끓인 후 불을 끄고 식힙니다.
② 큰 어패류는 잘게 썰어 다시 국물에 넣습니다. 국이 식으면 얼음 케이스
  에 담아 얼립니다.

710
kcal

미트볼

• 재료

저민 고기 모둠   200g
달걀물   4큰 술
당근, 브로콜리   각 50g

• 조리법

① 당근과 브로콜리는 삶은 후 다집니다. 저민 고기, 달걀물, 전분 3큰 술
   을 섞어 스무 개의 미트볼을 만듭니다.
② 올리브유 1작은 술을 가열하여 ①을 구운 후 냉동합니다.

510
kcal

피시볼

• 재료

정어리(통째)   200g
참마   60g
콩비지   3큰 술

• 조리법

① 정어리, 껍질을 벗긴 참마는 푸드 프로세서로 간 후 콩비지를 넣고 반죽
   합니다.
② 물을 많이 넣은 다시마 육수를 낸 후, 끓으면 ①을 숟가락으로 떠서 넣
   습니다. 떠오르면 3분 후에 꺼내어 식힌 후 냉동합니다.

145 kcal

채소 믹스

• 재료

무, 당근, 호박, 파프리카,
양배추 등   각 50g
물   500ml

• 조리법

① 냄비에 채소와 물을 넣고 채소가 부드러워질 때까지 끓입니다.
② ①을 국물째로 푸드 프로세서에 넣어 갈고, 지퍼 백에 넣어
   자르기 쉽도록 선을 내어 냉동합니다.

310 kcal

채소와 소고기 소테

• 재료

저민 소고기, 당근, 무,
브로콜리   각 100g
샐러드유   1작은 술

• 조리법

① 당근, 무, 브로콜리는 잘게 썹니다. 샐러드유를 넣은 프라이팬을 가열
   하여 저민 고기와 함께 볶습니다.
② ①을 지퍼 백에 넣은 후 자르기 쉽도록 선을 그어 냉동합니다.

530 kcal

닭 날개 죽

· 재료

닭 날개, 연골 각 200g
물 700ml

· 조리법

① 압력솥에 재료를 넣고 센불로 익히다가 압력이 오르면 약불에서 한 시간 정도 가열한 후 뜸을 들입니다. 닭 날개와 연골을 푸드 프로세서로 갑니다.

② 남아 있는 뼈를 제거하고 죽에 넣어 냉동 또는 냉장 보관합니다.

냉동육 3종

200 kcal 닭고기

115 kcal 돼지고기

223 kcal 소고기

· 재료

닭다리살, 돼지고기 안심,
소고기 안심 덩어리당 100g

· 조리법

① 고기는 종류별로 물 500ml와 함께 냄비에 넣고 삶습니다. 끓으면 속까지 잘 익도록 약 15분 정도 더 삶습니다.

② 식으면 먹기 편한 크기로 깍둑썰기한 후 냉동합니다.

Part 3

"수제 사료를
직접 만들 때의 생각과
기초 지식"

직접 만드는 것이 왜 좋을까?

강아지에게 있어 균형 있는 영양은?

반려견에게 추천하는 식재료의 칼로리와 주요 영양소는?

사료를 직접 만들 때에 알아 두면 좋은 기본적인 지식을 알기
쉽게 설명합니다.

 # 왜 수제 사료인가?

🐾 '직접 만들어 먹인다'는 기쁨을 맛보자

맛있게 먹을 가족들의 얼굴을 떠올리면서 가족을 위해 요리를 하는 행복. 이는 요리하는 사람만이 음미할 수 있는 기쁨입니다. 반려견의 사료를 직접 만들 때도 마찬가지입니다. 맛있게 먹는 반려견의 모습을 보며 행복을 느끼는 보호자 분이라면 직접 만든 사료를 먹일 때의 행복함은 한층 높아질 것입니다. 그리고 반려견도 행복해하는 보호자 분 곁에서 식사할 때마다 다른 맛을 맛볼 수 있어 '먹는 즐거움'이 더욱 커질 것입니다.

🐾 식재료를 직접 고르는 것이 안전 · 안심으로 이어진다

시판되고 있는 사료의 원재료는 무엇일까? 이런 의문을 안고 있는 사람들이 적지 않습니다. 시판되고 있는 사료의 원재료에 문제가 있다고는 할 수 없지만, 원재료를 직접 눈으로 보고 고를 수는 없습니다. 그래서 가족들이 먹는 같은 식재료를 사용하고 생활하고 있는 지역에서 자란 제철 재료를 고른다면 이 이상 안전하고 안심할 수 있으며 충실할 수는 없습니다.

🐾 반려견과 보호자의 유대 관계가 더욱 밀접하고 강해진다

매일 먹는 식사가 병을 예방하고 건강을 유지하는 데 있어 기본이 되는 것은 두말할 필요도 없습니다. 반려견의 사료를 직접 만듦으로써 얻을 수 있는 가장 큰 장점은 반려견의 체질이나 건강 상태에 맞춰 칼로리나 영양을 만족시키는 식사를 제공할 수 있다는 것입니다. 그래서 반려견이 지금 어떤 상태인지를 알기 위해 몸을 잘 보고, 만지며 체크하고, 변을 관찰하게 됩니다. 이렇게 직접 사료를 만들어 주는 것은 보호자 분과 반려견의 거리를 더욱 좁혀 줍니다.

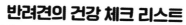

반려견의 건강 체크 리스트

	체크 항목	의심 증상
눈	□ 눈물	외상, 이물, 약품, 연기에 의한 자극, 속눈썹증, 누관협착 등
	□ 눈곱	결막염(감염성, 알레르기성) 각막염(외상성, 감염성, 안구 건조)
	□ 가려움	결막염, 각막염, 알레르기
	□ 통증	녹내장, 이물
귀	□ 가려움, 분비물, 불쾌한 냄새	외이염
	□ 털 빠짐	내분비질환(호르몬 이상), 진균증, 개선증
	□ 부기	이혈종
코	□ 재채기, 콧물	감염증, 비염, 부비강염, 알레르기
	□ 코피	비염, 이물, 종양, 구강 내 질환, 치주염
	□ 코 마름	발열, 정상인 경우도 많음
입	□ 구취	치주염, 구내염, 설염
	□ 입을 다물지 못함	신경마비, 하악골 골절, 턱관절 탈구
	□ 침	구토, 신경증상(약물이나 금속 등의 중독), 구강 내나 혀의 외상(싸움, 화상), 구내염, 설염, 스트레스(긴장감, 공포심, 통증)
혀	□ 붉어짐	충혈, 내출혈
	□ 백태	빈혈
	□ 자줏빛 변색	치아노제(산소 부족), 호흡기 질환
피부	□ 가려움	농피증(세균에 의한 피부병), 알레르기성 피부염(식사, 집먼지 진드기, 꽃가루 등), 개선증, 벼룩알레르기
	□ 털 빠짐	전신성 : 내분비 이상, 영양 불량
		부분적 : 농피증, 진균증, 모낭충, 스트레스(심인성, 지나친 핥기)
항문	□ 주변이 지저분함	설사, 조충의 기생, 주위 피부의 염증
	□ 부기	항문낭염, 항문주위선종
생식기 (암컷)	□ 외음부 핥기	염증, 출혈, 냉
	□ 냉	자궁축농증, 질염, 자궁이나 질의 종양
	□ 출혈	발정(정상), 자궁축농증, 자궁이나 질의 종양, 질염, 방광염
생식기 (수컷)	□ 핥기	생식기나 포피의 염증, 소변이 잘 나오지 않음
	□ 출혈	생식기나 포피의 염증, 방광염, 요도염
변	□ 설사, 무른 변	위장염, 과식, 음식이 맞지 않음(식물불내성), 전염성 질환, 기생충, 알레르기, 중독, 스트레스, 기타 내장 질환
	□ 변비	전립선비대(수컷), 회음 헤르니아(암컷), 신경 질환, 칼슘 과잉 섭취(뼈, 간식)
소변	□ 과다 횟수(빈뇨)	방광염, 결석(방광, 요도)
	□ 나오지 않음	요폐 : 요로결석, 외상(골반골절, 교통사고 등)
		핍뇨 : 급성신부전, 전신성 쇼크
	□ 색	붉은색(혈뇨) : 방광염, 요도염, 결석(신장, 방광, 요도), 양파 중독, 필라리아증
		황금색 : 황달(간 장애)
		불투명 : 방광염, 요도염, 전립선염
	□ 과다한 양(다뇨)	당뇨병, 만성신부전, 자궁축농증, 부신피질기능항진증(쿠싱증후군), 요붕증

 # 반려견에게 이상적인 영양 밸런스는?

❀ 되도록 많은 식재료를 매일 바꿔서 사용하기

사람의 경우 하루에 서른 가지의 품목을 먹는 것이 좋다고 합니다. 개도 되도록 많은 종류의 식재료를 먹는 것이 중요합니다. 다양한 종류의 식재료를 매일 바꿔서 사용할 경우 며칠 단위로 본다면 아주 많은 종류를 먹게 되며, 따라서 비타민이나 미네랄의 과부족 위험을 낮출 수 있습니다.

❀ 개에게 필요한 영양소와 특유의 섭취 방법

육식에 가까운 잡식을 하는 개는 필요한 영양이 사람과 다르며 '뼈에 붙은 고기를 날것으로 줌으로써 필요한 영양소의 70%는 섭취할 수 있다'는 설이 있습니다. 채소의 셀룰로오스(세포벽)를 파괴하지 못하고, 칼슘·아연·지용성 비타민(A·D·E·K)이 부족하기 쉬운 것도 개의 특징입니다. 오메가3, 오메가6 등 양질의 식물유, EPA나 DHA, 아연이 많이 함유된 어패류를 주어 부족하기 쉬운 영양소를 보충합니다. 염분은 소량만 섭취할 수 있도록 하고, 영양제 사용과 뼈가 붙어 있는 고기 메뉴에 도전하는 등 수제 사료 계획을 연구해 보세요.

❀ 3대 영양소를 균형 있게 섭취하는 방법

전체 양의 절반을 단백질과 지질(고기, 어류, 달걀, 유제품 등)로 하고, 눈대중으로 단백질과 지방의 양을 반반씩 섞습니다. 남은 절반도 채소와 곡물을 반반씩 섞습니다. 탄수화물의 당질과 섬유질은 거의 같은 양으로 주세요. 지질의 양은 고기에 포함된 지방분에 따라 달라지니 사용할 고기의 부위에 주의해 주세요.

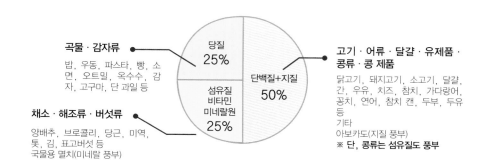

곡물·감자류
밥, 우동, 파스타, 빵, 소면, 오트밀, 옥수수, 감자, 고구마, 단 과일 등

당질 25%

고기·어류·달걀·유제품·콩류·콩 제품
닭고기, 돼지고기, 소고기, 달걀, 간, 우유, 치즈, 참치, 가다랑어, 꽁치, 연어, 참치 캔, 두부, 두유 등
기타
아보카도(지질 풍부)
※ 단, 콩류는 섬유질도 풍부

단백질+지질 50%

채소·해조류·버섯류
양배추, 브로콜리, 당근, 미역, 톳, 김, 표고버섯 등
국물용 멸치(미네랄 풍부)

섬유질 비타민 미네랄원 25%

🍽 시판용 푸드의 영양

　AAFCO(Association of American Feed Control Officials : 미국사료관리협회)는 펫 푸드의 영양 기준, 원재료, 라벨 표시 등에 관한 가이드라인을 작성하여 평가 기준을 제시하고 있습니다. 일본의 펫 푸드 공정거래협회도 이를 반영한 종합영양소의 영양 기준을 정하고 있습니다.

　이 기준에 근거하여 개와 사람의 체중 1kg당 필요영양소를 비교하면 개는 사람보다 칼로리로는 1.3~3배, 단백질은 2배, 인은 5배, 칼슘은 14배나 필요합니다. 또 AAFCO 기준에 따르면 아연의 필요량은 120mg/kg으로 되어 있는데, 이 양은 아연함유량이 많은 조개가 45개분이고, 철 80mg/kg은 돼지 간 600g분의 철함유량에 맞먹습니다.

　도그 푸드의 원재료에는 동물의 뼈와 골수가 많이 함유되어 있기 때문에 필연적으로 칼슘이나 철의 함유량이 많습니다. 하지만 동물이 체내에서 칼슘을 흡수할 때는 아연의 흡수가 방해를 받기 때문에 다량의 아연을 첨가할 필요가 있다고 여겨집니다.

　AAFCO 기준은 사료로서의 도그 푸드의 기준치입니다. 반려견의 식사를 준비할 경우에 참고하는 정도로 충분합니다.

도그 푸드 AAFCO 기준

영양소(단위)	최저치 성장기 번식기	최저치 성견	최고치
단백질 (%)	22	18	
아르기닌 (%)	0.62	0.51	
히스티딘 (%)	0.22	0.18	
이소류신 (%)	0.45	0.37	
류신 (%)	0.72	0.59	
라이신 (%)	0.77	0.63	
메티오닌-시스틴 (%)	0.53	0.43	
페닐알라닌-타이로신 (%)	0.89	0.73	
트레오닌 (%)	0.58	0.48	
트립토판 (%)	0.20	0.16	
발린 (%)	0.48	0.39	
지질 (%)	8	5	
리놀레산 (%)	1	1	
미네랄(Minerals)류			
칼슘 (%)	1	0.6	2.5
인 (%)	0.8	0.5	1.6
칼슘:인	1:1	1:1	2:1
칼륨 (%)	0.6	0.6	
나트륨 (%)	0.3	0.06	

영양소(단위)	최저치 성장기 번식기	최저치 성견	최고치
염소 (%)	0.45	0.09	
마그네슘 (%)	0.04	0.04	0.3
철 (mg/kg)	80	80	3000
구리 (mg/kg)	7.3	7.3	250
망간 (mg/kg)	5	5	
아연 (mg/kg)	120	120	1000
요오드 (mg/kg)	1.5	1.5	50
셀레늄 (mg/kg)	0.11	0.11	2
비타민류 기타			
비타민 A (IU/kg)	5000	5000	250000
비타민 D (IU/kg)	500	500	5000
비타민 E (IU/kg)	50	50	1000
비타민 B$_1$(티아민) (mg/kg)	1	1	
비타민 B$_2$(리보플래빈) (mg/kg)	2.2	2.2	
판토텐산 (mg/kg)	10	10	
니아신 (mg/kg)	11.4	11.4	
비타민 B$_6$(피리독신) (mg/kg)	1	1	
엽산 (mg/kg)	0.18	0.18	
비타민 B$_{12}$ (mg/kg)	0.022	0.022	
콜린 (mg/kg)	1200	1200	

반려견에게 필요한 하루 칼로리는?

🐾 체중이 같아도 필요한 칼로리는 제각각

개가 필요로 하는 칼로리는 체중을 기준으로 계산하는데, 같은 체중이라도 필요 칼로리는 같다고 할 수 없습니다. 가령, 17세인 중형 고령견과 한창 자라는 생후 6개월인 대형견, 잠만 자고 있는 5세 중형견, 늘 뛰어다니는 5세 중형견이 있습니다. 이 반려견들은 체중이 같아도 운동량 등에 따라 필요로 하는 칼로리는 제각각입니다.

식사를 만들 때 주의해야 하는 것이 필요한 영양의 밸런스(108페이지 참조)와 필요로 하는 칼로리에 맞춰 주는 것입니다.

🐾 간단한 칼로리 계산법

먼저 거의 운동을 하지 않는 반려견이 하루에 필요로 하는 칼로리는 RER(Resting Energy Requirement : 휴식기 에너지 요구량)을 기준으로 합니다.

RER

체중(kg)	칼로리(kcal)	체중(kg)	칼로리(kcal)	체중(kg)	칼로리(kcal)
1	70.0	11	422.8	21	686.7
2	117.7	12	451.3	22	711.1
3	159.6	13	479.2	23	735.2
4	198.0	14	506.6	24	759.0
5	234.1	15	533.5	25	782.6
6	268.4	16	560.0	26	806.0
7	301.2	17	586.1	27	829.1
8	333.0	18	611.7	28	852.1
9	363.7	19	637.0	29	874.8
10	393.6	20	662.0	30	897.3

다음으로 RER에 보정계수(생애주기나 활동량 등에 따라 정해진 수치)를 곱해서
생애주기나 상황에 따른 필요 칼로리 <u>DER(Daily Energy Requirement : 일일 에너지 요구량)</u>
을 산출합니다.

보정계수표

안정 · 잠이 많은 성견	1
이유기 · 성장기(생후 4개월까지)	2~3
성장기(생후 4개월~성견)	1.5~2
중성화하지 않은 성견	1.6~1.8
중성화한 성견	1.4~1.6
임신기	1.8~3
수유기	4~8
고령	0.8~1.4
사역견 · 스포츠 도그	2~8

이 책에서는 보정계수를 '1.6'으로 하여 칼로리를 계산하고 있습니다.
또, 칼로리가 넘치지 않도록 간식은 DER의 20% 이내로 억제해 주세요.

😺 매일 체중을 측정하는 것이 체중 유지에 효과적

RER이나 DER은 어디까지나 기준입니다. 기초대사량(안정 시에 소비되는 에너지량)이나
활동 시에 소비되는 에너지량, 소화 · 흡수 · 대사의 능력에는 개인차가 있습니다. 또한 이러
한 것들은 나이, 계절, 운동량, 견종, 체질 등에 따라 늘 변합니다. 적정한 체중을 유지하고 적
정한 영양과 칼로리의 식사를 만들기 위해 매일 체중을 측정하는 일은 아주 중요합니다.

기초대사량을 올리면 에너지 소비량이 오르기 때문에 다이어트하기 쉬운 것은 사람이나
반려견이나 같습니다. 기초대사량을 올리려면 근육량을 올리는 것이 가장 좋습니다. 근육은
단백질로 만들어집니다. 운동량을 늘리고 단백질 섭취량을 약간 많을 정도로 올리면 좋을 것
입니다.

사료 만들기와 함께 체중 · 운동량(산책의 양) · 칼로리 등을 기록하는 것도 추천합니다.
반려견의 건강상태를 확인할 수 있기 때문입니다.

 # 영양 밸런스를 고려한 일주일 식단

월요일	**연어 크림 파스타(27p)** ○ 단백질원 : 연어, 두유 ○ 당질원 : 파스타 ○ 주 1~2회는 생선 메뉴로, 오메가3 계열의 지방산인 DHA나 EPA를 섭취 ○ 연어에 함유된 아스타크산틴에는 강한 항산화 작용이 있어, 노화 방지나 다양한 질병의 예방에 도움 ○ 파스타는 반려견이 쉽게 소화시킬 수 있도록 사람이 먹을 때보다 더 부드럽게 삶기
화요일	**브로콜리와 콜리플라워 포타주(29p)** ○ 브로콜리는 β-카로틴, 비타민 C, 철, 칼륨 등이 풍부 ○ 콜리플라워는 비타민 B군, 비타민 C가 풍부 ○ 브로콜리와 콜리플라워는 면역기능을 높이는 이소티오시안산염을 함유 **간식·닭 간 쿠키(75p)** ○ 단백질원 : 닭 간, 계란 ○ 당질원 : 오트밀 ○ 이번 주는 메뉴에 간이 없어서 간식으로 보충 ○ 간으로 비타민 A와 B₂, 철, 아연, 구리 등의 미네랄을 제공 ○ 밀 알레르기가 있어도 먹을 수 있는 오트밀이 베이스 ○ 오트밀은 비타민 B군, 식이섬유가 풍부
수요일	**플레인 요구르트 & 바나나(93p)** ○ 요구르트에 함유된 프로바이오틱스로 장 건강을 유지 ○ 요구르트는 수분째로 넣어 음식에 흡수시키면 소화가 좋아짐 ○ 바나나의 풍부한 식이섬유가 장 건강에 도움을 줌 ○ 바나나는 비타민 B군, 칼륨, 마그네슘 등의 미네랄을 공급
목요일	**말고기 라이스 샐러드(37p)** ○ 단백질원 : 말고기 ○ 당질원 : 밥 ○ 말고기는 고단백 저칼로리로 칼슘이나 철분이 풍부 ○ 브로콜리 새싹 같은 발아 채소는 발아하면 새로운 비타민과 미네랄이 합성되어 영양가가 올라가고, 무순은 비타민 B군이 풍부 ○ 토마토의 리코핀(붉은색)은 강한 항산화작용이 있어 노화 방지에 도움
금요일	**꽁치찜(43p)** ○ 단백질원 : 꽁치 ○ 당질원 : 고구마, 호박 ○ 꽁치는 오메가3 계열의 지방산인 DHA와 EPA가 풍부 ○ 압력솥으로 조려 뼈까지 부드럽게 만들면 좋은 칼슘 보급원이 됨 ○ 호박은 각종 비타민이 풍부하게 함유된 우수한 채소 ○ 생강은 혈액 순환을 촉진하고 신진대사를 높임
토요일	**버섯죽(33p) + 맛가루(해조류)(95p)** ○ 단백질원 : 저민 닭고기 ○ 당질원 : 밥 ○ 버섯류에는 비타민 B군이 풍부하며 표고버섯이나 잎새버섯은 β글루칸을 함유 ○ 해조 맛가루로 요오드, 아연, 마그네슘 등의 미네랄을 공급 **간식·몽글몽글 사과 젤리(76p)** ○ 사과는 칼륨, 칼슘, 철, 비타민 C가 풍부 ○ 양에 비해 칼로리가 낮음 ○ 돼지나 소 등의 피부가 원재료인 젤라틴은 콜라겐이 풍부
일요일	**양갈비 믹스빈 찜(58p)** ○ 단백질원 : 양, 콩류 ○ 당질원 : 감자 ○ 양고기는 비타민 B₂와 철분이 풍부. 지방 연소를 돕는 L-카르니틴도 함유 ○ 콩류는 칼슘, 칼륨, 비타민 B₁, 식이섬유를 균형 있게 함유 ○ 셀러리는 비타민 B군, 비타민 C, 항산화작용이 높은 폴리아세틸렌이 풍부

영양소를 어떤 식재료로 섭취할지를 일주일 단위로 생각하고, 많은 식재료를 사용하여 균형 있는 식단을 만들어 보았습니다. 참고해 주세요.

월요일	**저민 닭고기와 양배추 리소토(21p)** ○ 단백질원 : 저민 닭고기　○ 당질원 : 밥 ○ 밥은 반려견이 잘 소화시킬 수 있도록 부드럽게 삶기 ○ 브로콜리 새싹 같은 발아 채소는 발아하면 새로운 비타민과 미네랄이 합성되어 영양가가 올라감 ○ 무순은 비타민 B군이 풍부. 부드러운 섬유질이어서 반려견도 비교적 쉽게 소화시킴. 생으로 먹을 수 있어 불에 　익히지 않거나 살짝 익혀도 됨
화요일	**스패니시 오믈렛(50p)** ○ 단백질원 : 달걀 ○ 당질원 : 참마 ○ 달걀은 소화흡수가 좋은 양질의 단백질원 ○ 참마는 전분 분해효소인 아밀라아제가 풍부해서 생으로 먹여도 됨. 점액 성분인 뮤신이 단백질의 소화흡수를 도움
수요일	**탕두부(30p)** ○ 단백질원 : 돼지고기, 두부　○ 당질원 : 당면(감자 전분 또는 녹두) ○ 돼지고기는 비타민 B$_1$의 공급원 ○ 두부는 소화가 잘 되는 식물성 단백질원
목요일	**가다랑어 우동(39p)** ○ 단백질원 : 가다랑어　○ 당질원 : 우동 ○ 주 1~2회는 생선 메뉴로 오메가3 계열의 지방산인 DHA나 EPA를 섭취 ○ 시금치는 철분과 칼슘, 비타민 B군이 많음 ○ 들기름은 오메가3 지방산인 α-리놀렌산을 많이 함유하여 피부와 털 건강을 지킨다. 가열하면 산화하기 쉬우므로 　먹기 직전에 뿌린다.
금요일	**따끈따끈 간 포토푀(53p)** ○ 단백질원 : 간, 달걀　○ 당질원 : 순무 ○ 7~10일에 한 번 간 메뉴로 비타민 A, B$_2$, 철, 아연, 구리 등의 미네랄을 공급. 주 2회 이상일 경우 비타민 A 　과다 섭취가 될 수 있으니 주의 ○ 간은 저칼로리 ○ 순무의 잎으로 비타민 B군, 비타민 C를 보충
토요일	**바지락 & 그린 아스파라거스 & 가쓰오부시 & 파래(89p) + 해산물 수프스톡(97p)** ○ 수프스톡은 약 40℃로 하고, 드라이 푸드를 불린다. 수프가 너무 뜨거우면 비타민이 파괴되므로 주의 ○ 바지락으로 철분, 비타민 B$_{12}$, 아연을 보충 **간식・믹스 베리 요구르트(77p)** ○ 베리류는 항산화작용이 있어 노화나 질병을 예방. 비타민 C와 엽산이 풍부하며 폴리페놀인 안토시아닌도 많음 ○ 요구르트의 프로바이오틱스가 장을 건강하게 함
일요일	**닭날개죽(100p)** ○ 단백질원 : 닭 날개 ○ 닭날개를 뼈째 삶아 믹서로 갈아, 칼슘, 인, 아연 같은 미네랄, 비타민 A와 비타민 E의 공급원으로 사용 ○ 닭날개에는 연골이 있어 글루코사민과 연골소를 보충할 수 있음 **간식・진저 쿠키(69p)** ○ 당질원 : 밀가루, 흑설탕 ○ 생강은 혈액순환을 촉진하여 신진대사를 높임 ○ 깨의 세사민과 비타민 E의 항산화작용이 노화를 방지하고 간 기능을 개선하여 동맥경화를 예방 ○ 호두에는 비타민 E, 비타민 B$_1$, 철분이 많고, 지질에는 오메가3 계열 지방산이 많음

추천 식재료의 칼로리와 주요 영양소

섭취원별 식재료 리스트입니다. 반려견의 크기별로 하루에 섭취하면 좋은 주요 영양소의 양 외에 기타 영양소도 소개합니다. 사료를 만들 때 참고하시기 바랍니다.

단백질원

고기 · 생선						
	반려견의 크기		SS	S	M	L
식품명	하루 필요 칼로리의 50%		125kcal	215kcal	360kcal	530kcal
	100g당 칼로리(kcal)	100g당 단백질(g)	하루에 필요한 칼로리의 50%를 섭취하기 위한 양(g)			
소고기 목심(비계 포함) 생	411	14	30	52	88	129
소고기 채끝등심(비계 포함) 생	498	12	25	43	72	106
소고기 우둔살(비계 포함) 생	347	15	36	62	104	153
소고기 안심(살코기) 생	223	19	56	96	161	237
수입 소고기 목심(비계 포함) 생	240	18	52	90	150	220
수입 소고기 채끝등심(비계 포함) 생	298	17	42	72	120	178
수입 소고기 우둔살(비계 포함) 생	234	18	53	92	154	226
수입 소고기 안심(비계 포함) 생	133	21	94	161	271	398
수입 소고기 설깃살(비계 포함) 생	182	21	69	118	198	291
저민 소고기	224	19	56	96	161	237
우설	269	15	46	80	134	197
사태(힘줄)	155	28	81	139	232	342
소 간	132	20	95	162	273	402
말고기 생	110	20	114	195	327	482
돼지고기 목심(비계 포함) 생	256	18	49	84	141	207
삼겹살(비계 포함) 생	434	13	29	50	83	122
돼지고기 뒷다리살(비계 포함) 생	225	20	56	96	160	236
돼지고기 안심(비계 포함) 생	112	23	112	192	321	473
저민 돼지고기 생	221	19	57	97	163	240
돼지 간	128	20	98	168	281	414
양고기 목심(비계 포함) 생	233	17	54	92	155	227
양고기 등심(비계 포함) 생	227	18	55	95	159	233
양고기 뒷다리살 생	217	19	58	99	166	244
양갈비	169	15	74	127	213	314
닭 날개(껍질 포함) 생	195	23	64	110	185	272
닭 가슴살(껍질 포함) 생	244	20	51	88	148	217

식품명	반려견의 크기		SS	S	M	L
	하루 필요 칼로리의 50%		125kcal	215kcal	360kcal	530kcal
	100g당 칼로리(kcal)	100g당 단백질(g)	하루에 필요한 칼로리의 50%를 섭취하기 위한 양(g)			
닭 가슴살(껍질 제외) 생	121	24	103	178	298	438
닭 다리살(껍질 포함) 생	253	17	49	85	142	209
닭 다리살(껍질 제외) 생	138	22	91	156	261	384
닭 안심 생	114	25	110	189	316	465
저민 닭고기	166	21	75	130	217	319
닭 심장	207	15	60	104	174	256
닭 간	111	19	113	194	324	477
닭 껍질(가슴)	497	10	25	43	72	107
닭 연골	54	13	231	398	667	981
전갱이 생	121	21	103	178	298	438
벤자리 생	127	17	98	169	283	417
정어리 생	217	20	58	99	166	244
정어리(통조림)	224	23	56	96	161	237
정어리(올리브유에 담가 놓은 정어리나 그 통조림)	359	20	35	60	100	148
청새치 생	115	23	109	187	313	461
가다랑어(봄) 생	114	26	110	189	316	465
가쓰오부시(가다랑어포)	356	77	35	60	101	149
홍연어 생	138	23	91	156	261	384
참고등어 생	202	21	62	106	178	262
고등어(캔)	190	21	66	113	189	279
삼치 생	177	20	71	121	203	299
꽁치 생	310	19	40	69	116	171
대구 생	77	18	162	279	468	688
방어 생	257	21	49	84	140	206
황다랑어 생	106	24	118	203	340	500
참가자미 생	95	20	132	226	379	558
보리멸 생	85	19	147	253	424	624
금눈돔 생	160	18	78	134	225	331
장어(양식) 생	255	17	49	84	141	208
가리비(관자 캔)	94	20	133	229	383	564

※ 소고기에는 비타민 B_{12}, 닭고기에는 비타민 K, 돼지고기에는 비타민 B_1이 풍부. 지방이나 껍질의 유무에 따라 지질
  의 양, 나아가 칼로리에 큰 차이가 생깁니다. 간에는 레티놀(비타민 A의 일종)이나 엽산이 다량 함유되어 있습니다.

계란 · 유제품

식품명	기준량	칼로리(kcal)	단백질(g)	칼슘(mg)	지질(g)	레티놀 당량(μg)
날달걀	1개 · 60g	91	7.4	31	6.2	90
삶은 달걀	1개 · 50g	76	6.5	26	5	70
시판용 삶은달걀	100g당	146	10.8	40	11	
메추리알 생		179	12.6	60	13	350
시판용 메추리알		182	11	47	14	480
우유(가공유)		67	3.3	110	4	38
생크림(유지방)		433	2	60	45	390
요구르트(전지무당)		62	3.6	120	3	33
아이스크림(보통지방)		180	3.9	140	8	58
소프트크림		146	3.8	130	5.6	18

※ 메추리알은 계란에 비해 비타민 B$_{12}$가 풍부(같은 중량으로 환산하면 3~5배)
※ 레티놀 당량이란 레티놀과 β-카로틴의 변화에 의한 비타민 A작용의 합계량. 눈에 꼭 필요하고 감염 예방 작용도 한다.

치즈의 영양소와 염분량 비교

식품명	기준량	칼로리(kcal)	단백질(g)	칼슘(mg)	지질(g)	레티놀당량(μg)
코티지 치즈	100g 당	105	1	55	4.5	37
크림 치즈		346	0.7	70	33	250
고다 치즈		380	2	680	29	270
체다 치즈		423	2	740	33.8	330
파르메산 치즈		475	3.8	1300	30.8	240
카망베르 치즈		310	2	460	24.7	240
프로세스 치즈		339	2.5	630	26	260
모차렐라 치즈		292	9.5	400	22	–

콩 · 대두 제품

식품명	기준량	칼로리(kcal)	단백질(g)	칼슘(mg)	칼륨(mg)
판두부	1모 · 300g	216	20	360	420
구운 두부	1모 · 300g	264	23.4	450	270
유부	1매 · 40g	154	7.4	120	22
비지	1컵 · 100g	111	6.1	81	350
두부피	10매(건조) · 80g	409	43	160	680
낫토	1팩 · 90g	180	15	81	590
두유	1컵 · 200g	92	7.2	30	380
삶은 대두	1컵 · 140g	252	22.4	98	800
삶은 팥	1컵 · 145g	207	12.9	44	670
삶은 강낭콩	1컵 · 150g	215	12.8	90	710
삶은 완두콩	1컵 · 140g	207	12.9	39	360
병아리콩	20알 · 20g	75	4	240	20
누에콩	20알 · 100g	348	26	100	1100
청대콩	40꼬투리 · 50g	68	6	29	300
렌틸콩	1컵 · 140g	494	33	81	1400

탄수화물

곡류 · 감자류

식품명	반려견의 크기		SS	S	M	L
	하루 필요 칼로리의 30%		75kcal	129kcal	216kcal	318kcal
	100g당 칼로리(kcal)	100g당 탄수화물(g)	하루에 필요한 칼로리의 50%를 섭취하기 위한 양(g)			
쌀(정백미)	168	37.1	45	77	129	189
현미	165	35.6	45	78	131	193
삶은 우동	105	21.6	71	123	206	303
삶은 소면	127	25.8	59	102	170	250
메밀면	274	54.5	27	47	79	116
중화면	281	55.7	27	46	77	113
스파게티	378	72.2	20	34	57	84
식빵	264	46.7	28	49	82	120
잉글리시 머핀	228	40.8	33	57	95	139
크루아상	448	43.9	17	29	48	71
롤(빵)	316	48.6	24	41	68	101
마카로니	149	28.4	50	86	145	213
오트밀	380	69.1	20	34	57	84
찐 고구마	131	31.2	57	98	165	243
호박	60	13.3	125	215	360	530
감자	84	19.7	89	154	257	379
참마(장마)	65	13.9	115	198	332	490
당면(녹두)	345	84.6	22	37	63	92
얼레짓가루(녹말가루)	330	81.6	23	39	65	96
찹쌀가루	369	80	20	35	59	86
밀가루	368	76	20	35	59	86
빵가루	373	63.4	20	35	58	85
만두피	291	57	26	44	74	109
춘권피	354	74.3	21	36	61	90
라이스 페이퍼	333	78.9	23	39	65	95
옥수수	99	19	76	130	218	321

비타민 / 미네랄원

과일·열매

식품명	기준량	기준량당				
		칼로리 (Kcal)	식이섬유(g)	지질(g)	α−토코페롤 (mg)	기타 많이 함유된 영양소
아보카도	1/2개 · 100g (먹을 수 있는 부분)	187	5.3	18.7	3.3	비타민 B1
감	1개 · 150g	90	2.4	0.3	0.2	비타민 C, 카로틴
수박	1조각 · 200g	74	0.6	0.2	0.2	칼륨, 리코펜
사과	1개 · 300g	183	4.2	0.6	0.3	칼륨
딸기	1팩 · 300g	102	4.2	0.3	1.2	비타민 C
바나나	1개 · 100g (먹을 수 있는 부분)	86	1.1	0.2	0.5	탄수화물, 칼륨
포도	1/2송이 · 150g	96	1.4	0.3	0.6	포도당, 과당
무화과	1개 · 75g	41	1.4	0.1	0.3	칼륨
은행	10개 · 15g	28	0.3	0.3	0.4	카로틴, 비타민 C
밤	3개 · 50g (먹을 수 있는 부분)	82	2.1	0.3	0	단백질, 비타민 C
땅콩	10꼬투리 · 18g	101	1.3	8.5	1.8	비타민 B1
아몬드	10개 · 10g	60	1	5.4	3.1	칼륨, 칼슘
잣	15개 · 3g	20	0.1	2	0.3	인
호두	1개 · 30g	202	2.3	20.6	0.4	비타민 B1
깨	1작은 술 · 3g	17	0.3	1.6	0	단백질, 칼슘
올리브(피클)	10개 · 30g	44	1	4.5	1.7	카로틴

해조류·잔 물고기

식품명	100g 중			
	칼로리(kcal)	칼슘(mg)	요오드(mg)	식이섬유(g)
미역(염장/소금기 제거)	11	42	780	3
자른 다시마	105	940	230000	39.1
파래	164	750	2700	35.2
톳(건조)	149	1000	45000	51.8
구운 김	188	280	2100	36
잔멸치(반건조)	206	520	−	0
마른멸치	332	2200	−	0
갈래곰보	13	160	−	4.1
우무	2	4	240	0.6

※ 요오드는 대사에 관계되는 갑상선 호르몬의 근원이 된다.

채소 · 버섯

식품명	기준량	칼로리(kcal)	식이섬유(g)	β-카로틴 (mg)	기타 많이 함유된 영양소
양배추	잎 1장 · 50g	12	0.9	25	비타민 C
무순	1팩 · 100g	21	1.9	1900	칼슘, 마그네슘, 비타민 K
청경채	1주(중) · 100g	9	1.2	2000	비타민 C, 철
브로콜리	1송이(대) · 50g	17	2.2	400	비타민 B_1, B_2, B_6, C, E
시금치	1/4속 · 50g	10	1.4	2100	엽산
콜리플라워	1송이(대) · 50g	14	1.4	9	비타민 C
가지	1개(중) · 75g	17	1.7	75	폴리페놀
호박	100g	49	2.8	700	비타민 C, 칼륨
버터멜론	1/4개 · 50g	9	1.3	80	비타민 C
동아	1개 · 700g	112	9.1	0	비타민 C, 칼륨
파드득나물	1팩 · 75g	14	1.9	540	칼륨
쑥갓	1속 · 200g	44	6.4	9000	비타민 B군, C, 칼륨, 철
경수채	1속 · 100g	23	3	1300	칼슘, 비타민 C
양상추	1개(중) · 500g	60	5.5	1200	수분이 풍부
결구 상추	15장 · 100g	14	1.8	2200	철, 비타민 B_2
브로콜리 새싹	100g	19	1.8	1400	비타민 E
그린 아스파라거스	1속 · 120g	26	2.2	440	엽산
배추	1장 · 100g	14	1.3	92	칼륨
소송채	¼속 · 90g	13	1.7	2800	칼슘, 비타민 C
토마토	1개(중) · 180g	34	1.8	970	칼륨, 비타민 B군, C, 리코펜
방울토마토	1개(대) · 15g	4	0.2	140	토마토에 준함
당근	50g	20	1.4	3500	비타민 A
피망	1개 · 80g	18	1.8	320	비타민 C
파프리카(붉은색)	1개(중) · 130g	39	2	1200	비타민 C
주키니호박	1개 · 160g	22	2.1	500	칼륨
셀러리 줄기	1개(중) · 175g	26	2.6	77	칼륨
오크라	1봉 · 100g	30	5	670	펙틴
순무(잎)	1주 · 70g	14	2	2000	비타민 B_2, C, 칼슘
순무(뿌리)	1개 · 80g	16	1.2	0	아밀라제
무(뿌리)	50g	9	0.7	0	아밀라제
콩나물	1봉 · 200g	74	4.6	–	비타민 C, 단백질
영 콘	1개 · 10g	3	0.3	3	옥수수에 준함
연근	1절 · 300g	198	6	9	탄수화물
오이	1개 · 100g	14	1.1	330	β-카로틴

※ 엽산은 대사와 관련된 성분.

※ 칼륨은 세포 내의 침투압 밸런스를 유지시키는 외에 나트륨 배출을 돕는다.

식품명	기준량	기준량당			
		칼로리(kcal)	식이섬유(g)	β-카로틴(mg)	기타 많이 함유된 영양소
생강	엄지손가락 크기 · 20g	6	0.4	1	쇼가올
표고버섯	1개(대) · 17g	3	0.7	0	β-글루칸
잎새버섯	1팩 · 100g	15	3.5	0	비타민 B군, β-글루칸
만가닥버섯	1팩(소) · 100g	15	2.7	0	비타민 B2
양송이버섯	1개(중) · 10g	1	0.2	0	비타민 B2
맛버섯	1봉 · 100g	15	3.3	0	뮤신
새송이버섯	1개 · 40g	8	1.4	0	칼륨, 비타민 B2
송이버섯	1개(중) · 30g	7	1.4	0	비타민 B2, β-글루칸

지질

지질원

기름	100g 중			
	칼로리(kcal)	지질(g)	α-토코페롤(mg)	비타민 K(μg)
홍화유	921	100	27.1	10
유채 기름	921	100	15.2	120
면실유	921	100	28.3	29
옥수수유	921	100	17.1	5
참기름	921	100	0.4	5
올리브유	921	100	7.4	42
야자유	921	100	0.3	–
무염버터	763	83	1.4	24
라드	941	100	0.3	7
우지	940	99.8	0.6	26
들깨기름	900	100	2.4	5

※ α-토코페롤 : 강한 항산화작용을 가지는 비타민 성분의 하나. 기름에 쉽게 녹는 특징이 있으며, 항산화작용에 의해 지용성 조직에 녹아들어 산화를 방지한다.

※ 비타민 K는 세포의 응고와 뼈 건강 유지와 관련되어 있다.

"반려견의 수제 사료와 식사에 관한 Q&A 30"

"반려견에게 간식은 꼭 필요하나요?" "반려견이 마시는 물의 양은 어느 정도가 적당한가요?" "사료를 순식간에 먹어버리는데, 괜찮은가요?" "개는 충치가 없나요?" 반려견의 사료를 직접 만들 때의 궁금증을 포함하며, 반려견의 식사 전반에 대한 지식을 수의사가 알기 쉽게 대답해 드립니다.

간식 주세요!
간식 주세요!

Q1 반려견에게 '간식'은 꼭 필요한가요? 어떤 것을 어느 정도 주면 되나요?

A 절대적인 것은 아니지만 기뻐하며 간식을 먹는 반려견의 모습은 보호자 분의 기분도 좋게 해 줍니다. 또한 간식은 보상으로 주는 등 보호자 분과의 소통 수단으로 아주 유효합니다.

요즘은 많은 종류의 간식이 시판되고 있습니다. 육포, 껌, 쿠키, 치즈, 케이크 등 사람이 봐도 맛있어 보이는 식품이 다양합니다. 구강 위생을 위한 껌이나 영양 보조식품용 간식도 있습니다. 물론, 가정에서 만들 수도 있습니다.

시판되고 있는 간식은 기호성을 높이기 위해 짙게 조미한 것이나 고칼로리 제품이 많아 개의 건강을 해치는 경우도 있으니 표시를 잘 보시기 바랍니다. 양은 하루에 필요로 하는 칼로리의 20% 이내로 주는 것이 좋습니다. 반려견이 달라는 대로 주면 비만이 되고, 영양 밸런스를 무너뜨리거나 배가 불러 주식을 먹지 않게 됩니다. 언제, 어느 때 등, 규칙을 정하여 주시기 바랍니다.

Q2 어떤 음식이나 순식간에 먹어 버립니다. '단숨에 먹는 것'은 개에게 나쁜 습관 아닌가요? 고치는 것이 좋다면 방법을 알려 주세요.

A 개에게 식감이나 먹은 후의 포만감은 식사에서 중요한 요소입니다. 시판되는 건식 사료나 습식 사료에는 이것이 빠져 있기 때문에 '단숨에 먹는 것'입니다. '단숨에 먹는 것'이 나쁘다고는 할 수 없지만, 포만감을 바로 얻을 수 없기 때문에 과식을 하게 되어 비만이나 위확장의 원인이 됩니다.

또한 산책이나 운동, 보호자 분과의 접촉 등 식욕 이외의 욕구가 채워져 있지 않으면 식욕으로 이어진다는 보고도 있습니다.

교정 방법은 앞에서 말한 바와 같이 반려견의 식욕을 채우는 것과 식사를 나누어 주는 것입니다. 그리고 매일 '앉아', '기다려' 등의 간단한 명령을 내려 그에 따르면 보호자 분의 손으로 주는 것도 효과적입니다.

시판되는 '종합영양식' 사료만을 먹이면 충분하다고 들었는데, 정말인가요?

A 네, 영양학적으로는 충분합니다. 종합영양식이란 반려견이 필요로 하는 영양소를 채운 '하루의 주요 식사'로서 주기 위한 것입니다. 신선한 물과 함께 주는 것만으로 각각의 성장 단계에서 건강을 유지할 수 있도록 이상적인 영양소가 균형 있게 조정되어 있습니다. 종합영양식에는 반드시 먹여야 하는 양 등이 성장 단계별로 표기되어 있습니다.

이처럼 영양학적으로는 '종합영양식'과 신선한 물을 주면 문제가 생기지 않습니다. 하지만 반려견이 먹는 즐거움을 느끼는지에 대해서는 의문이 남습니다.

마시는 물의 양은 어느 정도가 적당한가요? 물을 너무 많이 마시거나 그 반대의 경우는 어딘가 좋지 않기 때문인가요?

A 일반적으로는 필요로 하는 칼로리의 수치를 ml로 환산한 정도의 물이 필요하다고 합니다. 예를 들면, 하루에 필요로 하는 에너지가 200kcal인 반려견인 경우, 필요한 수분량은 200ml가 됩니다. 물론 이것은 어디까지나 기준이며, 반려견에 따라 차이가 있습니다.

반려견에는 음수량(물을 마시는 양)이 많아지는 병은 있지만 음수량이 적어지는 병은 없습니다. 물을 많이 마시게 되는 병으로는 호르몬 이상이나 신장 기능의 저하, 당뇨병 등을 들 수 있는데, 이 경우는 음수뿐만 아니라 소변의 양도 증가합니다.

수제 사료는 사용하는 식재료에 수분이 많이 함유되어 있기 때문에 건식 사료를 먹을 때와 비교해 물을 마시는 양은 줄어듭니다.

애써 직접 만들고 있는데, 어쩐 일인지 꼭 남깁니다. 왜일까요? 맛이 없어서일까요?

우선 칼로리 계산을 해 보세요. 주고 있는 양은 적당한가요? 또 섬유질이 너무 많지는 않나요? 체중에 변화가 있거나 마르고 있지는 않나요? 106~107페이지를 참조하여 반려견이 필요로 하는 칼로리를 구해 보세요. 섭취 칼로리가 분명히 적은데도 체중이 느는 경우는 갑상선기능저하증을 생각할 수 있습니다.

매회 식사를 남겨도 체중에 변화가 없다면 주는 양이 너무 많기 때문일 수 있습니다. 식사량은 적절한데도 남기고, 체중도 줄고 있다면 어떤 질병에 걸렸을 가능성도 있습니다. 어떠한 경우라도 빨리 동물병원에 가서 상담을 받으시길 바랍니다.

소식을 한다고 할까요? 식사를 한 번에 다 먹지 못합니다. 도중에 물리는 것 같습니다. 한 번에 다 먹이려면 어떻게 해야 할까요?

필요로 하는 칼로리는 계산하시는 것 같습니다. 먹다가 남겨도 필요로 하는 칼로리를 섭취하고 있다면 체중에 변화도 없으니 걱정하실 필요가 없을 것 같습니다. 특히 소형견일 경우 이러한 경우가 드물지 않습니다. 만약 육포 같은 간식을 주신다면 끊어 주세요.

식사를 주고 나서 30분이 지나면 먹든 안 먹든 치우시기 바랍니다. 그러면 해결될지도 모릅니다.

Q7 우리 집 개는 단것을 너무 좋아합니다. 케이크나 찹쌀떡, 양갱 등 단것이라면 무엇이든 기꺼이 먹습니다. 괜찮을까요? 줄 때 주의해야 할 사항이 있나요?

A 개는 원래 곡류나 과실 같은 탄수화물에서도 칼로리를 섭취합니다. 이 때문에 단맛을 느낄 수 있고, 좋아합니다. 덧붙여 고양이과 동물은 단맛을 느낄 수 없다고 합니다.

단것을 지나치게 주면 비만이 되거나 다른 영양소가 부족해지기 쉽습니다. 다른 간식과 함께 주고, 섭취 칼로리 전체의 20% 이내로 준다는 것을 염두에 두시기 바랍니다.

Q8 개는 충치가 생기지 않나요? 간식으로 단 과자를 매일 먹고 있어서 걱정입니다.

A 개는 충치가 잘 생기지 않는다고 합니다. 개의 입 안 pH는 알칼리성이며, 사람 입에 있는 유산생균을 볼 수 없습니다. 따라서 충치에 대해서는 거의 걱정하실 필요가 없습니다. 반대로 사람과 비교하면 치석이 생기기 쉬운 환경이니 양치를 잘 시켜 이를 방지해 주세요. 치석은 치주병의 원인이 됩니다. 치주병은 구강 내뿐 아니라 내장에도 나쁜 영향을 끼칩니다.

치석을 제거하거나 방지하는 껌 등을 주는 것도 효과적입니다.

Q9 대변에 식재료의 형태가 그대로 남아 있습니다. 이유는 무엇이며, 어떻게 해야 할까요?

A 식재료가 뿌리채소 같은 것이 아닌가요? 개는 원래 셀룰로오스(식물의 세포벽)의 소화·흡수가 잘 되지 않습니다. 무나 당근 같은 뿌리채소를 크게 잘라서 주면 거의 원래의 형태로 대변으로 나오는 일이 있습니다. 이는 소화불량이 아니며, 문제가 없지만, 모처럼 준 채소의 영양을 흡수하지 못한 것입니다. 잘게 자르거나 갈거나 삶는 등 조리 시에 수고를 더하는 것이 좋습니다.

영양도 제대로 고려한 수제 사료로 전환한 지 2주가 됩니다. 체중이 많이 줄었는데, 식사 내용에 문제가 있는 것일까요?

A 건강한가요? 식욕은 어떻습니까?

만약 몸 상태에 변화가 없다면 체중 감소는 칼로리 문제일 수 있습니다. 106~107페이지를 참조하여 필요로 하는 칼로리를 계산해 보세요. 주고 있는 식사의 칼로리도 계산해 보세요. 계산해서 나온 반려견이 필요로 하는 칼로리와 비교해서 현재의 칼로리가 적지는 않나요?

주고 있는 양이 적절한데도 체중이 줄었다면 어떤 질병이 숨어 있을지도 모릅니다. 수의사의 진찰을 받아 보세요.

수제 사료를 먹이고 대변의 양과 횟수가 줄었습니다. 왜 그런가요?

A 변의 양은 식이섬유나 수분의 양에 의해 결정됩니다. 매일 규칙적인 배변을 하고 딱딱함이 적정하다면 걱정하실 필요가 없습니다.

또, 일부 시판 사료의 경우 칼로리의 조절을 위해 상당히 많은 식이섬유를 사용하는 것 같습니다. 이러한 시판 사료와 비교하면 수제식을 먹을 경우 변의 양이 줄어듭니다.

수제 사료를 만들 때 맛 국물(다시)은 필요한가요?

A 개가 맛을 느끼는지는 알 수 없습니다. 다만 차가운 것보다는 따뜻한 것, 가열한 것보다는 날것을 좋아한다는 미각에 대한 연구는 있습니다. 하지만 현재까지는 '맛 국물(다시)'에 대해서는 알 수 없습니다. 영양적인 면에서는 유효할 것 같습니다.

개의 미각은 사람과 같은가요? 단맛, 매운맛, 신맛 등을 느끼나요?

예민한지는 알 수 없지만 미각은 있습니다. 단맛, 짠맛, 신맛, 쓴맛을 느낄 수 있다고 합니다.

'개에게 염분은 금물'이라고 들었는데, 염분이 함유된 가공품 등은 절대 먹이면 안 되나요?

염분은 생물에게는 없어서는 안 될 영양소입니다. 염분이 없으면 모든 생물은 살아갈 수 없습니다. 다만, 개가 필요로 하는 염분의 양은 적은데, 같은 체중의 인간과 비교하면 약 3분의 1이라고 합니다. 따라서 식품 중에 함유된 나트륨만으로도 충분한 경우가 대부분이지만 하루의 섭취량 범위 내라면 가공품을 주어도 괜찮습니다. 다만, 심장이나 신장에 질환이 있는 경우에는 많이 주지 않도록 주의하세요.

우리 집에는 고양이도 있습니다. 강아지용과 고양이용 사료를 각각 그릇에 담아 나란히 두면 개가 고양이 것을 먹습니다. 왜 그런 것이며, 괜찮은가요?

개가 고양이용 사료를 즐겨 먹는 것은 고양이용 사료가 단백질이나 지방의 함유량이 많고 개가 좋아하는 맛이기 때문입니다. 일반적으로 고양이용 사료가 고칼로리이므로 개에게 줄 때는 체중 관리에 주의해 주시기 바랍니다.
반대로 강아지용 사료를 고양이에게 장기간 계속 주면 영양에 장애를 줄 가능성이 있으니 주의하시기 바랍니다.

식후에 토하는 일이 많은데, 왜인가요? 식사 내용에 문제가 있을까요?

급하게 먹으면 토하는 경우도 있습니다. 하지만 꼭 병이라고 할 수는 없습니다. 식사의 횟수를 늘리고, 한 번에 주는 양을 줄여 보세요. 그래도 토한다면 식도염이나 위염의 가능성도 있습니다. 동물병원에서 상담을 받아 보세요.

개는 원래 이유식도 모견의 토사물이며, 사람보다는 쉽게 토하는 동물입니다. 매월 여러 차례라면 문제는 없지만 식사를 할 때마다 토하거나 설사 등의 증상을 동반한다면 수의사의 진찰을 받으시길 권합니다.

알레르기가 있는데, 수제식을 먹여도 괜찮은가요? 어떤 점에 주의해야 할까요?

식사성 알레르기가 의심되는 경우야말로 수제식을 권합니다.

알레르기는 무엇에 대한 알레르기인가요? 그 원인물질에 따라 대처 방법은 크게 다릅니다.

집먼지나 꽃가루 등 음식 이외의 물질이 원인인 알레르기에 대한 식사를 통한 대처법은 염증 등의 증상을 억제하는 것이 목적이 됩니다. 연어, 꽁치, 벤자리 등에 함유된 지방이나 들깨나 유채(카놀라)를 성분으로 하는 식물성 기름을 넣어 주세요.

알레르기의 원인으로서 음식물이 의심될 때는 그 식재료를 특정하고 주지 않음으로써 증상을 개선할 수 있습니다. 시험 삼아 지금까지 주지 않은 단백질원을 채소나 탄수화물과 함께 한 달가량 계속 주세요. 대두나 밀은 단백질을 함유하므로, 그 사이에는 먹이지 않도록 합니다. 이 방법으로 피부의 가려움이나 염증이 개선되면 그때까지 먹고 있는 식사에 원인물질이 함유되었을 것입니다. 이 방법은 제거식시험이라고 합니다. 수의사와 상담하면서 진행해 주세요.

Q18 현미나 잡곡, 뿌리채소를 많이 사용한 수제 사료를 먹으면 꼭 설사를 합니다. 어떻게 하면 좋을까요?

A 현미나 잡곡, 뿌리채소 등은 사람의 몸에 좋은 식재료입니다. 하지만 육식에 가까운 잡식동물인 개에게 이러한 식재료가 좋다는 데이터는 없습니다. 주었을 때 설사를 한다면 줄 필요가 없습니다. 또 설사를 한다는 것은 양이 너무 많거나 조리 방법에 문제가 있을 수도 있습니다. 개가 쉽게 소화할 수 있는 조리 방법을 시도해 보시기 바랍니다.

Q19 개는 고기를 날것으로 줘도 된다고 들었는데, 사실인가요?

A 사실입니다. 개는 날고기를 좋아하는 경향이 있습니다. 날것이나 가열한 것이나 영양가는 변함이 없지만 조리하는 것보다는 날것으로 주는 것이 효소나 일부 비타민을 잃지 않는 이점이 있습니다.

Q20 허브는 개에게 어떤 효능이 있나요? 또 개에게 주면 안 되는 허브도 있나요?

A 허브는 개에게도 사람과 똑같은 효과가 있다고 합니다. 음식처럼 개에게 추천하지 않는 것 외에는 주어도 됩니다. 하지만 약효가 있다는 것은 바람직하지 못한 작용도 있다는 것입니다. 과다한 양을 사용하면 건강에 악영향을 줄 수도 있습니다. 가령, 마늘도 적당양을 주면 벼룩을 예방하거나 자양 강화에 기여합니다. 하지만 체중의 0.5% 이상을 섭취하면 용혈성빈혈을 일으킬 위험성이 있습니다. 붉은토끼풀(레드클로버)이나 자주개자리(알팔파)도 쉽게 출혈을 일으키는 개에게 사용하는 것은 금기시되어 있고, 리코리스를 장기간에 걸쳐 대량으로 사용하면 스테로이드의 부작용과 비슷한 증상이 생기는 일이 있습니다.
허브의 특성, 적당량을 인지한 후에 잘 사용하는 것이 중요합니다.

개의 건강을 위해 단기 단식을 권유받았습니다. 언제 어떻게 하면 어떤 효과를 얻을 수 있나요?

A 민간요법에서는 좋다고들 합니다만 과학적으로 실증된 데이터는 없는 것 같습니다. 다이어트의 수단으로서는 권장하지 않습니다. 다만, 설사나 구토 같은 소화기 증상이 이어질 때는 단식을 하는 것이 효과적인 경우도 있습니다.

블루베리가 눈에 좋다고 해서 많이 먹습니다. 그런데 개의 눈에도 좋은가요? 우리 개의 눈이 요즘 하얗게 탁해져서 먹이고 싶습니다.

A 눈이 탁해지는 원인으로 크게 두 가지 가능성이 있습니다. 하나는 핵경화증이라고 해서 수정체의 노화에 따른 변화입니다. 이는 검은자의 중심 부분이 전체적으로 불투명한 유리와 같이 탁해집니다.

다른 하나는 백내장입니다. 이는 진행이 빠르고, 검은자의 중심이 눈의 결정과 같이 하얗게 보입니다.

갑자기 사물에 부딪치게 되거나 모르는 장소를 걷는 데 주저하는 등 시각에 변화를 보일 경우에는 수의사의 진단을 받으세요.

블루베리는 개에게 주어도 괜찮습니다. 눈에 좋다고 하는 것은 안토시아닌이라는 성분이 함유되었기 때문인데, 이는 망막에 존재하는 로돕신이라는 물질의 재합성을 돕는다고 합니다. 또한 블루베리는 항산화작용도 있어서, 수정체의 변화에 대항하는 효과도 기대할 수 있습니다. 다만, 블루베리는 소화가 잘 된다고는 할 수 없습니다. 변의 상태를 보면서 주는 것이 좋습니다. 눈에 대한 효과를 기대한다면, 건강 보조식품의 활용을 추천합니다.

식욕이 없을 때에는 개에게 사람이 먹는 건강 보조식품을 주어도 괜찮은가요? 어떤 것을 주면 효과를 기대할 수 있을까요?

A 괜찮습니다. 다만, 주는 양을 고려하시기 바랍니다. 종합비타민제 등은 지용성 비타민(A, D, E, K 등)이 함유되어 있어, 과잉섭취에 따른 부작용이 있으니 주의하셔야 합니다. 드링크제 등은 알코올이나 카페인이 함유되어 있는 것이 많으니 주지 않는 것이 좋습니다. 개의 식욕부진 원인은 다양한데, 사람과 같이 육체피로인 경우는 상당히 드뭅니다. 따라서 식욕부진의 대처법으로서 건강 보조식품에 의존한다는 사고는 피하는 것이 좋습니다. 하루 이틀 사이에 회복하면 걱정할 필요는 없습니다만, 식욕부진이 장기간 이어지면 서둘러 동물병원에서 상담을 받으시기 바랍니다.

칼슘 보충에 '계란 껍질 파우더'가 좋다고 들었습니다. 사실입니까? 어떻게 주면 좋고, 어디에서 구할 수 있습니까?

A 계란 껍질은 양질의 단백질원과 칼슘원입니다. 적당량을 요리에 섞어 사용하시면 됩니다. 다만, 칼슘이 과다하면 다른 영양소의 흡수를 방해하거나 변비가 생기는 경우도 있습니다. 너무 많이 주지 않도록 주의하세요.

사료를 직접 만들 때 하루의 칼로리를 엄수해야만 하나요? 일주일 단위로 생각해서 주면 안 되나요?

A 괜찮습니다. 매 식사마다 영양 밸런스나 칼로리를 완벽하게 지킬 필요는 없습니다. 평소 가족들의 식생활과 같이 생각하시면 좋을 것 같습니다. 식재료나 영양소를 두루, 다양한 종류로 섭취한다는 것을 염두에 두신다면, 1~2주 단위로 생각해도 문제될 건 없습니다.

대형견과 소형견이 있는 경우 식사를 만들 때 어떤 점에 주의해야 하나요? 각각 만들기보다 한 번에 만들고 싶습니다.

A 대형견이나 소형견이나 단백질의 분량 같은 식사 내용은 기본적으로 변함이 없습니다. 다만, 체중 1kg당 필요한 칼로리는 소형견이 다소 많습니다. 메뉴를 바꿀 필요는 없지만 식재료에 따라 각각의 반려견이 먹기 쉬운 정도를 맞출 필요는 있습니다.

생후 6개월 정도의 유아견과 여덟 살이 넘는 고령견이 있습니다. 식사를 따로따로 만들어야 하나요? 이때 주의해야 하는 것은 무엇인가요?

A 성장기의 개일수록 고칼로리, 고단백의 식사를 필요로 하고, 고령견은 필요한 칼로리가 감소하는 경향이 있습니다. 같이 만들어서 유아견에게는 단백질원을 많이 주고, 고령견에게는 채소를 많이 담아 주세요.
또 성장기의 개에게는 골격의 형성을 생각해서 칼슘을 다소 많이 주는 것도 좋습니다. 건강 보조식품이나 95페이지에서 소개한 맛가루를 사용하여 강화시켜 주면 좋을 것 같습니다.

개가 밥을 먹는 시간은 언제가 좋은가요? 지금은 아침, 산책 후에 바로 줍니다.

A 운동 전보다는 운동 후에 주는 것이 좋습니다. 특히 대형견은 식후 바로 운동하면 위염전을 일으킬 위험성이 있습니다. 또 운동 후에 주어야 영양의 흡수가 완만해지기 때문에 다이어트에도 적절합니다.

개는 하루에 몇 끼를 먹는 것이 이상적입니까?

A 적어도 하루에 두 끼 이상이 이상적입니다. 많은 양을 단번에 먹어 버리면 위확장·위염전을 일으킬 가능성도 있으며, 포만감을 잘 느끼지 못해 과식을 하여 비만의 원인이 될 수도 있습니다. 하루에 주는 양이 같다면 여러 번에 나누어 주면 비만을 예방할 수 있습니다.

특히 유아견이나 노령견은 소화능력이 낮으니 식사 횟수를 늘리는 것이 좋습니다.

※ 위확장·위염전 : 가스가 차면서 위가 비정상적으로 확대되거나 뒤틀리는 것을 말합니다. 위나 주변 장기의 혈류가 정체되면서 위의 내용물도 갈 곳을 잃어 발효되면서 위가 부풀어오르기 때문에 방치하면 생명에 치명적일 수 있습니다. 헛구역질을 계속 하거나 기력을 잃는 경우가 많습니다.

우리 아이는 과일을 무척 좋아해서 간식으로 즐겨 먹습니다. 칼로리가 걱정인데, 살이 찌지 않을까요?

A 115페이지의 성분표에 나타나 있듯이 과일의 칼로리는 결코 높지 않습니다. 개에게 적당량의 과일을 주는 것은 비타민이나 미네랄 보충도 되기 때문에 영양적인 면에서도 권장합니다. 다른 간식들처럼 필요로 하는 칼로리의 20% 이내로 주시면 됩니다.

혜지원의 취미 실용 책

쇼트 네일 아트

짧은 손톱이라 더욱 귀여운
쇼트 네일 아트
virth…LIM 지음

COLORFUL

French

Illust♥

CUTE!

초보자도 쉽게
이해할 수 있는
젤 네일의 기본과 테크닉

virth+LIM 지음 | 160쪽 | 14,000원

짧은 손톱이기에 할 수 있는 귀여운
디자인이 가득!
초보자도 쉽게 이해할 수 있는 젤 네일의
기본과 테크닉 수록

이 책은 '짧은 손톱'을 가진 사람들을 위한
젤 네일 도서로, 네일 아트는 손톱이 길어
야 된다는 고정관념에서 벗어나 손톱이 짧
기에 어울리는 새로운 디자인을 소개하고
있다.

종이꽃 레시피 북

종이를 오리고 문지르고 붙여서 만드는 예쁜 꽃

✳ The Recipe Book of Paper Flowers ✳

**종이꽃
레시피
북**
김해경 지음

사계절 종이꽃 20 & 응용 작품 20

사랑스러운 종이꽃, 향기는 없어도 시들지 않아 오래 볼 수 있어요

김해경 지음 | 200쪽 | 15,000원

recipe book about
PAPER FLOWER DIY

작약, 스카비오사, 수국, 장미 익숙한 꽃들
을 종이로 만들어 보자. 만드는 과정을 상
세히 설명하는 사진과 글이 있기에 따라
하기 어렵지 않다. 어떤 부분에선 꼼꼼한
작업을 요하기도 하지만, 그런 과정을 거
치고 나면 오래도록 지켜볼 수 있는 아주
예쁜 종이꽃이 남는다.

간단한 혼밥혼술 특급 레시피
혼자서도 폼나게, 귀찮을 때는 가볍게 혼자먹어요!

혼자서 밥을 먹어야 할 때 간단히 편의점 음식으로 떼우는 것이 아니라, 제대로 차려서 영양도 챙기고 맛있게 먹도록 해요. 간단하게 뚝딱 만들어 즐길 수 있는 혼밥 레시피를 소개합니다.

김혜남 지음 | 208쪽 | 12,500원

혼밥 혼술 특급 레시피
김혜남 지음

위리릭 뚝딱!
한그릇 요리

혼자서도
폼나게!

귀찮을 때
가볍게!

해지원

이제 막 베란다 텃밭을 시작하려는 초보 가드너들을 위한 나만의 텃밭 만들기!

오랫동안 식물을 가꾸어 온 저자만의 베란다 텃밭 가꾸기 깨알 톡톡 노하우들을 소개합니다. 상추와 같은 간단한 잎채소부터 시작해서 방울토마토, 오이, 당근 등과 같은 열매채소까지 다양한 채소들을 베란다에서 키워보세요. 실외정원 못지않게 아름다운 꽃과 허브로 감성 가득한 집을 만끽할 수 있습니다.

참 쉬운
베란다
텃밭
가꾸기

아미가든 지음

해지원

초보를 위한:
나만의 텃밭 만들기!

1년 내내 싱싱한 상추, 파프리카, 당근, 허브 등을
베란다에서 직접 수확해보세요!